무화과 재배

국립원예특작과학원 著

무화과 재배

THE FIG

contents

노지재배

1장	일반현황	008
2장	번식	048
3장	개원과 나무심기	056
4장	정지·전정 및 수형	067
5장	꽃눈 분화와 과실의 생장 및 성숙	090
6장	성숙조건 및 숙기 촉진	110
7장	비료주기와 생육진단	123
8장	토양관리	140
9장	생육단계별 관리	147
10장	생리·생육장해 및 재해대책	173
11장	병해충 방제	195
12장	수확 및 출하	230
13장	무화과의 가정 가공이용	241

시설재배

14장 하우스 시설재배의 특징	250
15장 작형	255
16장 비닐하우스 무가온 조기재배 기술	257
17장 무화과 상자재배	261

참고자료 287

노지재배

1장 일반현황
2장 번식
3장 개원과 나무심기
4장 정지·전정 및 수형
5장 꽃눈 분화와 과실의 생장 및 성숙
6장 성숙조건 및 숙기 촉진
7장 비료주기와 생육진단
8장 토양관리
9장 생육단계별 관리
10장 생리·생육장해 및 재해대책
11장 병해충 방제
12장 수확 및 출하
13장 무화과의 가정 가공이용

1장
일반현황

① 무화과 원산지 및 국내 도입

가. 원산지

무화과는 뽕나무과 낙엽성 교목으로 무화과나무속(*Ficus* Linn)에 속하며 전 세계적으로 800여 종이 넘게 분포하고 있다(高村登). 무화과나무속에 속하는 식물은 우윳빛의 수액을 내는 것이 특징이다. 무화과나무속에 해당되는 나무 중에서 식용으로 재배하고 있는 종은 무화과뿐이다.

무화과의 원산지는 아라비아반도 남부로 선사시대에 코카서스와 소아시아(터키 지방)에 전해졌다. 특히 소아시아의 카리아(Caria) 지역에 많이 자생하기 때문에 *Ficus Carica*라는 학명이 붙여졌다. 야생종이 많은 지중해 연안과 서남아시아 일대를 원산지로 보는 견해도 있는데, 이는 재배종의 조상으로 간주되는 카프리계의 무화과가 지금도 서남아시아에 야생하고 있기 때문이다.

무화과의 영일과(映日果)라는 별칭은 페르시아어 '앙지루'를 음역한 것이며, 매일 익는 과일이라는 뜻에서 유래되었다고 한다.

나. 국내 도입

무화과는 건조한 아열대 이베리아반도 남쪽에서 중국을 거쳐 한국에 도입됐다는 설과 미국 캘리포니아(1769년)에서 일본(나가사키 1630년, 도쿄 1868년)에 도입된 후 1800년대 후반 일본에서 왔다는 설이 있는데 일반적으로 일본에서 도입되었다는 것이 정설이다.

2 재배 및 수출입 현황

가. 우리나라

1) 재배현황

우리나라에서 무화과나무가 과수로서 재배되기 시작한 시기는 1930년대 초로, 일본인 후쿠다 이치로(福田一郞) 씨가 일본에서 '봉래시'와 '승정도우핀' 품종을 가져와 목포 '갓바위 농장'에서 재배한 것으로 알려져 있다.

1970년대 초부터 과수로서의 본격적인 재배가 시작되었는데 이전까지는 정원수와 과수의 중간 형태로 재배되었다. 목포 등 남부 도서 지방에서 소규모로 재배되던 무화과나무가 과수로서 자리 잡은 것은 1971년 영암군 삼호면 농협장에 취임한 박부길 조합장의 노력 덕분이었다. 이 시기에 일본에서는 이미 무화과나무가 700여 ha 재배되어 과수로 정착되었는데, 이를 안 박부길 조합장은 국내 최초로 무화과나무를 영암군 삼호면에 소득 과수로 지정하여 20ha의 단지화를 이루었다.

[표 1-1] 연도별 무화과 재배면적 (전남 영암군, 농림수산식품부, 2017)

연도	1973	1981	1990	2000	2010	2017
재배면적(ha)	22	162	12	150	650	720

무화과는 과일의 특성상 표피가 얇고, 장거리 유통과 저장이 곤란하여 1990년에 12ha까지 재배면적이 급격하게 줄었다. 이후 저장기술이 향상되고 유통구조가 새롭게 변하면서 2017년에는 720ha로 늘어났다. 재배면적 중 120ha는 시설 내에서 상자재배와 토경재배 형태로 재배되고 있으며 시설재배 기술이 정착되면서 전국적으로 확대 재배되어 전국 90여 농산물 공판장에서 경매되고 있다.

단위면적(ha)당 수확량은 13,000kg 정도이며 이 중 노지재배 수량은 11,000kg, 시설재배 수량은 25,000kg이다. 우리나라에서는 10,000t 정도가 생산되고 있다.

무화과는 무농약 재배가 가능한 과일로서 친환경 농산물의 소비 확대를 촉진하고 있다. 또한 다양한 영양소를 함유하고 있는 기능성 과일로 알려지면서 고소득 작목으로 부상하고 있다.

2) 수출입 현황

관세청 통계자료에 의하면 2000년 이후부터 2016년까지 총 8,784t의 무화과가 수입되었으며 19,626천 달러가 수입액으로 지출되었다. 이 기간 중 128.9t, 557,000달러가 수출되었는데 이는 재가공하여 역수출한 물량으로 추정하고 있다.

수입 물량의 대부분은 이란 등 중앙아시아 국가로부터 건과 형태로 수입되고 있다.

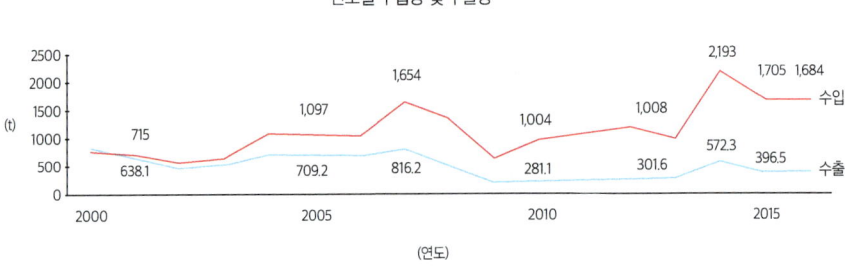

[그림 1-1] 무화과 수출입 동향 (관세청, 2000~2016)

kg당 수입 단가는 2000년 1달러 정도에서 지속적으로 높아져 2016년도에는 4.3달러로 4.3배가 높아졌다. 아래 [그림 1-2]와 같은 추세가 지속된다면 상당 기간 수입가격은 높아질 것으로 추측된다.

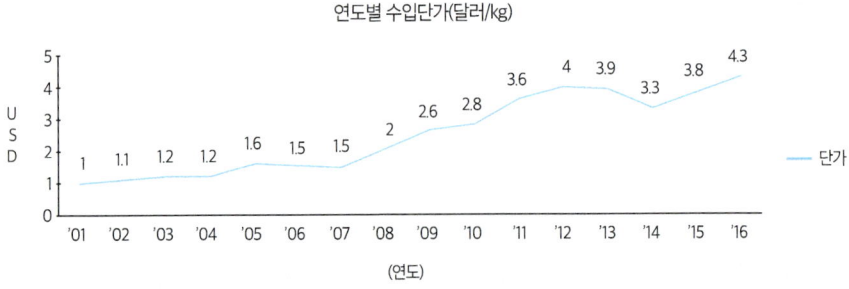

[그림 1-2] 무화과 수입단가 (관세청, 2000~2016)

나. 국외

2014년 FAO에서 조사한 바에 따르면 세계적으로 무화과 재배면적은 366,528ha이다. 가장 넓은 재배면적을 가진 나라는 [표 1-2]와 같이 포르투갈이고 그다음 모로코, 터키, 알제리, 이집트 등의 순이다.

[표 1-2] 국가별 무화과 재배면적 (FAO, 2014)   (ha)

국가명	포르투갈	모로코	터키	알제리	이집트
재배면적	82,500	54,771	49,464	44,395	28,501
국가명	이란	튀니지	스페인	시리아	인도
재배면적	25,166	17,590	12,575	9,433	5,600
국가명	그리스	리비아	미국	브라질	중국
재배면적	4,040	3,024	2,833	2,808	2,422
국가명	이탈리아	아제르바이잔	알바니아	아프카니스탄	이라크
재배면적	2,408	1,729	1,543	1,525	1,373

단위면적당 가장 높은 생산량을 가진 나라는 키프로스로 ha당 31,000kg이다. 이웃나라인 일본은 13,553kg을 생산하고 있다.

[표 1-3] 국가별 무화과 생산량 (FAO, 2014)   (hg/ha, hg = 100g)

국가명	키프로스	콜롬비아	우즈베키스탄	마케도니아공화국	이스라엘
생산량	310,000	244,947	186,349	166,522	149,872
국가명	일본	알바니아	예멘	미국	브라질
생산량	138,553	125,405	118,982	106,954	99,904
국가명	프랑스	이라크	볼리비아	이집트	터키
생산량	75,135	68,878	63,268	61,789	60,707
국가명	아제르바이잔	중국	레바논	멕시코	카타르
생산량	54,211	53,061	50,365	50,273	50,000

국제식량농업기구(FAO, 2014)의 통계에 의하면 2014년 전 세계 무화과 재배면적은 366,528ha, 생산량은 2,232,131t이다. 1990년에는 403,133ha 에서 1,081,549t이 생산되었다. 2014년에는 1990년 당시의 재배면적에서 36,605ha인 9%가 줄었으나 생산량은 106%가 증가하여 1,150,582t이 많아졌다. 이는 단위면적당(ha) 수량이 2,683kg에서 6,090kg으로 227% 높아진 것이다. 단위면적당 수량은 1995년 이후에는 커다란 변화를 보이지 않고 있다.

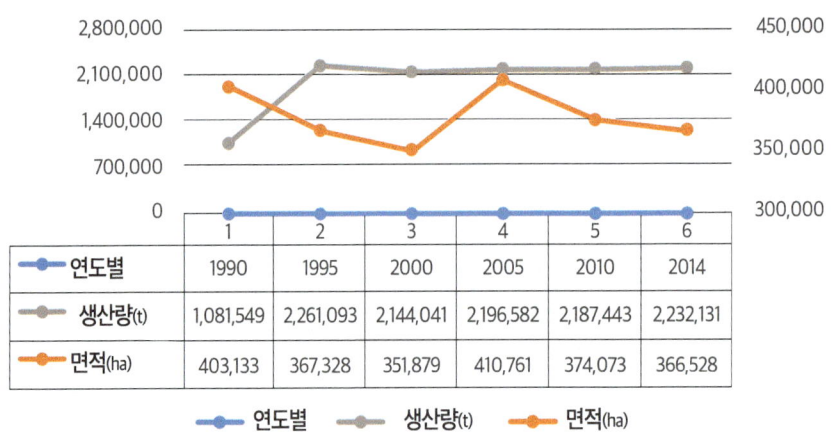

[그림 1-3] 세계 연도별 생산량 및 재배면적 (관세청, 2000~2016)

3 무화과의 영양성분 및 기능성

가. 과일의 특징

과일 형태는 원형, 타원형 등으로 무게는 40~120g 내외이다. 표피의 색깔은 적자색, 연두색 등 다양하다. 무화과는 과육이 부드럽고 칼슘과 칼륨 같은 무기질을 다량 함유하고 있으며, 고유의 향과 단맛(13~18°Brix)을 가지고 있다.

나. 무화과의 영양성분

무화과에는 칼슘과 칼륨이 다량 포함되어 순환계 질환 예방 효과가 있다. 또한 아스코르빈산을 함유하고 있어 숙취해소에도 도움이 된다.

[표 1-4] 과일 영양성분 비교 (농촌진흥청, 2001) (가식부 100g당)

과종	에너지 (Kcal)	칼슘 (mg)	칼륨 (mg)	비타민 A (mg)	비타민 B1 (mg)	비타민 C (mg)
무화과	43	26	170	12	0.03	2
사과(후지)	57	3	95	19	0.01	4

[표 1-5] 무화과 아미노산 함량 (한국식품개발연구원, 1989)

품종	Aspartic Acid (mg)	Serine (mg)	Proline (mg)	Alanine (mg)
봉래시	72.21	73.52	68.78	38.83
승정도우핀	62.75	62.00	78.96	60.09

다. 기능성

무화과는 식이섬유가 풍부하여 위장을 튼튼하게 해주며, 칼슘과 칼륨은 골다공증 및 몸의 산성화 예방에 도움을 준다.

무화과에 함유된 약용성분(강 등, 1994)은 베르갑텐(Bergapten), 베타시토스테롤(Beta-sitosterol), 소랄렌(Psoralen) 등이다. 베르갑텐 성분은 혈압 강하, 응혈, 건위, 해독작용 등에 효과가 있다. 베타시토스테롤은 동맥경화증, 뇌혈관성 질환을 예방하며 소랄렌은 백반증, 지혈, 아토피 치료에 도움을 준다.

무화과나무 잎은 알칼로이드, 사포닌, 플라보놀(Rutin), 고무 성분(Latex) 등을 13% 정도 함유하고 있다. 또한 건조한 잎은 전화당, 아줄렌 등을 함유하고 있다.

무화과나무의 잎, 생과, 완숙과 분말을 생쥐에 투입한 결과 [표 1-6]과 같이 암세포 자람 억제 효과를 보였으며 치료 후 생존율 및 체중 증가 현상도 나타났다.

[표 1-6] 무화과 분말을 생쥐에 투입한 결과 (25mg/kg/일)

품종		암세포 자람 억제(%)			
		비장 (Spleen)	복수 (Ascites)	간 (Liver)	폐 (lung)
브룬스윅 (Brunswick)	잎	64.06	45.86	44.44	-
	생과	53.13	51.48	32.10	-
	완숙과	57.80	43.79	35.19	48.85
지궈 (Ziguo)	생과	59.10	47.93	43.21	-
	완숙과	46.09	43.20	32.72	38.51

[표 1-7] 40일간 방사선(60Co) 치료 후 무화과 생과일 추출물 투입결과
(Proceedings Of The 2nd International Symposium On Fig, 2003)

구분	생존율(%)	체중 증가율(%)
대비	50	22.42
에탄올 추출(브룬스윅 생과)	60	31.96
물 추출(브룬스윅 생과)	90	33.66

[표 1-8] 배변개선효능 검증을 위한 인체시험결과 (전북대학교 기능성식품 임상시험지원센터, 2009)

구분	무화과 과일	무화과즙
배변설문지	배변 횟수 증가 배변 시간 감소	배변 횟수 증가 배변 시간 감소 배변 시 복통 정도, 불쾌감 감소 배변 시 드는 노력의 정도 감소
대장통과시간	유의변화 없음	대장통과시간 감소
혈액분석	유의변화 없음	콜레스테롤, 글루코스 감소

4 무화과의 생육특성

우리나라에서는 '승정도우핀' 품종이 무화과 재배의 95% 이상을 차지하고 있다. 농가나 정원에서 키우는 나무는 방임하여 키우거나 개심자연형에 준한 수형으로 관리하고 있다. 무화과 주산지에서는 일문자형, 배상형, X자형, 준개심형 등 나무 형태를 다양하게 만들어가면서 재배하고 있다.

무화과는 전정의 방법을 어떻게 하느냐에 따라 생육에 큰 차이를 준다. 강한 전정을 하게 되면 수세가 강해져 열매가지가 길어진다. 전정을 하는 방법에 따라 성숙 시기, 즉 수확 시기가 다르다.

결과모지 선단부를 짧게 자르면 전년도에 월동한 어린 과일이 성숙하여 하과(夏果, 여름과일)로 성장하게 되고, 금년도 새순에서 발생한 열매가지에서는 추과(秋果, 가을과일)가 착과하여 하·추과 겸용종으로 이용할 수 있다. 결과모지의 하단부를 강하게 전정하면 새순에서 추과가 조기에 착과하여 추과를 8월 중순부터 낙엽이 될 때까지 계속 수확할 수 있다.

무화과나무는 휴면이 둔한 점을 이용해 하우스 재배에도 용이하다. 또한 노지재배보다 수확 시기를 앞당기는 촉성재배를 통하여 수량과 소득을 높이기도 한다.

무화과의 특징을 살펴보면 다음과 같다.

1) 결실연령이 빠르지만 경제적인 수명은 낮다.

무화과의 꽃눈은 새순이 자라면서 분화한다. 삽목을 하면 육묘포에서 착과가 이루어지는 것을 볼 수 있다. 삽목하여 정식하는 경우 조건만 좋으면 정식한 해 10월부터 11월 사이에 성숙한다. 하지만 경제적인 수량을 얻을 수 있는 기간은 짧다.

2년째부터는 성과기의 결과지를 확보할 수 있어서 노목에 비하여 더 많은 수량을 얻을 수 있다. 반면에 수세 저하가 빨리 오기 때문에 새순의 자람이 나빠지고 착과 수가 감소하게 된다. 수세 저하가 오면 열매가지당 열매 수가 적어지고 과실의 비대도 좋지 않게 된다. 생육이 불량하면 열매가지에 변형과가 생기고 선단부에는 생리적인 낙과가 발생하기도 한다. 열매가지 수를 늘린다 하여도 수량이 감소하고 출하 기간이 짧아져 전반적으로 경제성이 떨어진다. 노지재배 '승정도우핀'의 경우 결실 연령은 2~3년, 성과기는 7~15년이고, 그 이후에는 수세가 급격하게 떨어진다. 이때에는 병해충에 약해지고 심지어 고사되기도 한다. 일반적으로 노지재배에서는 경제적으로 재배가 가능한 나무의 나이를 15년, 시설하우스에서는 10년 내외로 본다.

2) 과일나무 같지 않은 과일나무이다.

과일나무는 같은 시기에 수확을 하는 것이 일반적이지만 무화과는 연중 생산이 가능하다. 최소한의 전정이나 방임 상태로 재배하면 6월에 성숙하는 하과를 생산할 수 있다. 강한 전정을 하면 8월 상순부터 서리 오기 전까지 생산할 수 있다. 묘목을 심는 시기를 조정하거나 가을철 이후 동절기 가온을 실시한다면 연중 생산이 가능하기 때문에 토마토 같은 야채와 비슷하게 재배할 수 있다.

3) 뿌리의 산소 요구량이 극히 높다.

무화과나무는 적정한 토양수분을 유지한다면 생육하고 생장하는 데 큰 무리가 없다. 그러나 배수가 나쁘고 습해와 한발이 자주 오는 조건에서 정식하면 고사하게 된다.

무화과나무는 습기를 좋아한다고 알려졌지만 뿌리에서 산소를 많이 필요로 하는 작물로서 [표 1-9]에서 보는 바와 같이 과수 중 침수에 가장 약하다.

[표 1-9] 침수기간과 과종별 잎의 시들음 현상 발생일수 (小林 등, 1949)

구분	무화과	복숭아	배	감	포도
산소가 없는 물	2~4일	3~8일	9~11일	10일 이상	10일 이상
흐르는 물	침수 후 20일이 지나도 시들지 않음				

4) 추위와 고온, 건조에 매우 약한 작물이다.

새순이 발생해서 잎이 전개되기 전까지 추위와 더위로부터 어린잎을 보호하기 위하여 얇은 막으로 덮여 있는데, 어린잎이 성장하며 이 얇은 막을 밀치면서 잎이 전개된다.

새순 발생이 지연되는 원인은 전년도 가지가 늦게까지 성장하여 나뭇가지가 연약하기 때문이다. 추위에 약한 무화과나무는 이른 봄철의 서리에 몹시 취약하다. 특히 잎이 전개되기 1개월 전부터 수액이 이동하기 시작하는데 이 시기에 서리 피해를 주의하여야 한다.

또한 무화과나무는 고온장해와 가뭄의 피해를 받기 쉬운 과수이다. 특히 시설재배에서 비닐하우스 등의 관리 소홀로 인하여 급작스러운 고온 환경이 조성되면 잎이 마르고, 심하면 줄기까지 말라 죽는 경우도 발생한다. 이른 봄, 밭두렁에서 마른 잡초를 잘못 태우기만 하여도 고온에 의하여 줄기가 말라 죽기도 하는 등 고온에 매우 약하다.

무화과나무는 건조의 피해를 받으면 과실을 이루는 꽃받침과 작은 꽃(소화)의 비대가 나빠져 과일이 작아진다. 반대로 수분이 과다하면 과일은 커지지만 열과가 생긴다.

5) 묘목 생산은 꺾꽂이로 한다.

대부분의 과일나무 묘목은 접목번식을 하고 있다. 무화과나무는 가지에서 뿌리 발생이 잘되기 때문에 전정한 가지를 잘라 꺾꽂이를 하여 묘목을 생산하기 때문에 묘목생산비가 낮다. 결실 연령이 빠른 무화과나무는 삽목한 묘목을 정식한 다음 해에 수확할 수 있으므로 경제적인 재배가 가능하다.

6) 석회 요구량이 많고, 알칼리성 식품이다.

무화과나무는 비료 흡수력이 매우 높은 나무이며, 비료 중에서도 석회의 요구량이 많다. 적정한 토양산도는 pH 7.0~7.2로 중성~약알칼리성에서 잘 자라는 것으로 알려져 있지만 우리나라에서는 pH 5.0 이상의 토양에서도 잘 자란다. 이는 토양산도가 무화과나무를 재배하는 데 그다지 큰 영향을 미치지 않음을 나타낸다. 무화과나무는 흡수된 칼슘을 과일에 다량으로 함유한 알칼리성 식품이다.

7) 연작장해가 극심하다.

무화과나무를 재배하고 그곳에 무화과나무를 다시 심게 되면 토양선충, 토양병해, 연작장해 등이 발생하여 생육이 나빠진다. 연작장해는 어린 나무에서 더욱 심하기 때문에 다시 심을 때에는 재배지를 깊이 갈아 통기성을 좋게 한 후 묘목이 튼튼한 큰묘를 식재하는 것이 좋다.

8) 낮은 광량에도 잘 자란다.

무화과나무는 반음지에서도 잘 자라는 과수이다. 이는 무화과나무가 40,000 lux의 광이면 광포화점에 이르는, 다른 과수보다 광 요구량이 낮은 작물이기 때문이다.

다른 과수와 달리 무화과는 광합성을 하면서 새순의 하위 마디에 꽃눈 분화를 유도하는 동시에 착과와 성숙을 시킬 수 있다.

9) 착색이 잘 되게 하는 조건은 햇빛이다.

자연방임형 무화과 수형에서 햇빛을 비추지 않은 아래쪽 기부는 무화과가 익어도 착색이 되지 않지만 햇빛이 잘 드는 곳에서는 착색이 잘 된다.

무화과 과실의 착색을 위한 최소한의 광량은 3,000lux 정도이다. 햇빛은 수확 2~4일 전부터가 중요하다. 일설에 의하면 3,000lux의 광을 비추더라도 햇빛이 직접 닿지 않으면 효과가 낮아진다고 한다.

착색이 잘 되도록 결과모지(열매어미가지) 수 조정이 필요하다. 일반적으로 결과모지의 길이가 1m일 때 10a당 3,000개 정도가 알맞다.

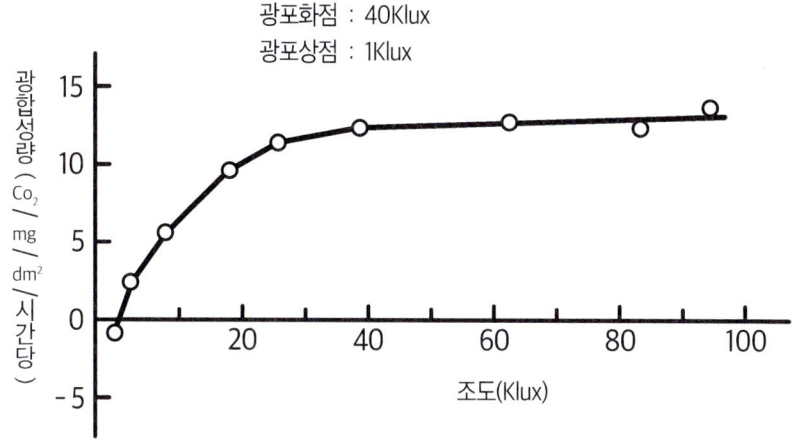

[그림 1-4] 무화과의 광합성에 미치는 조도량의 영향 (天野 등, 1972)

10) 연중 열매를 맺는다.

무화과 과일은 꽃받침과 작은 꽃의 집합체이다. 과일이 분화된다는 것은 화서의 분화라고 부르는 것이 타당하다(平井, 1966). 이렇듯 무화과는 분화기와 분화기간이 다른 과일과 완전히 다르다.

다른 과수와 다르게 전년도 생육 후반기에 꽃눈이 분화되어 착과된 어린 과실은 월동 중에는 생육이 정지되어 있다가 다음 해 봄에 다시 비대를 시작하고, 6월 하순에서 7월 중순 사이에 성숙하는 하과가 된다.

환경 조건에 따라 가을에 시작하여 봄과 여름, 여름에 시작하여 가을과 겨울에 착과가 가능하므로 연중생산이 가능한 과수이다.

11) 구름이 끼거나 비 내리는 기간이 지속되면 착색이 불량해진다.

적정한 수분은 과실을 크게 한다. 무화과는 수확 직전 단시간 내에 착색과 성숙이 이루어지고 과일의 색이 짙을수록 당도가 높다.

수확할 때 비가 내리거나 날씨가 나쁘면 광량이 부족해져 착색이 나빠진다. 또한 비 내리는 야간의 온도는 맑은 날의 온도보다 높아서 성숙이 지연된다. 무화과는 착색 정도로 수확기를 판단하는 것이 일반적이다. 하지만 여러 가지 원인에 의하여 착색이 나쁘더라도 성숙된 과일이 존재하므로 무화과 수확 시기를 판단하는 안목이 필요하다.

야간 온도가 낮고 주간 온도가 높은 날보다, 야간 온도가 높거나 비가 내릴 것 같은 날에 완숙과일을 남기지 않고 수확하는 것이 좋다.

비가 내리면 무화과는 부패하기 쉽다. 과일이 찢어지는 열과가 많아지고 이 틈으로 비가 스며들어 부패과일 발생률이 높아진다. 이러한 현상을 막기 위하여 비닐을 이용한 비가림재배를 할 경우 비닐에 의해 그늘이 생기거나 부패할 수 있으므로 주의가 필요하다(高村登).

5 무화과나무의 형태 및 분류

무화과나무는 건조한 반사막지대가 원산지인 아열대 교목성 낙엽과수로, 비교적 온도가 높고 비가 적게 내리는 여름철 건조한 기후대인 넓은 잎 수림대에 적합한 나무이다.

원산지에서 무화과나무는 반건조형 토양에 적응해 있지만 우리나라처럼 여름철 과습한 환경에서는 형태적으로 다른 양상을 보인다.

가. 각 기관의 형태 및 특징

1) 잎

무화과의 잎은 넓고 두껍다. 잎의 구조는 재배조건에 따라 달라진다. 빛이 잘 들어오는 곳의 잎은 충실하여 잎이 두껍고 크기도 적당하지만 햇빛을 받지 못한 곳에서 자란 잎은 얇고 크다. 잎에는 거친 털이 있는데 잎의 표면보다 뒷면에 많다. 잎맥이 선명하며 잎의 형태는 품종에 따라 다르다. 잎이 달린 위치에 따라 달라질 수도 있지만 일반적으로 잎이 3~7개로 갈라(결각)져 있다. 따라서 잎의 형태에 따라 분류하기도 한다. 우리나라에서 재배되는 품종은 잎이 3개로 갈라져 있는 '봉래시'가 있고, 이외에는 대부분이 5개로 갈라져 있다.

하과 전용 품종인 '비오레도우핀'은 잎이 약간 크고 5개로 갈라져 있다. '킹'은 3개, '산페드로 화이트'는 잎의 변이가 커서 3~5개로 갈라진 것이 특징이다.

추과 전용 품종인 '봉래시(재래종)'는 잎이 크고 갈라진 깊이가 얇고 3개로 갈라진 것이 많다. '세레스토'는 잎이 약간 작고 3~5개로 갈라져 있으며, '아드리아틱'은 잎이 중간 크기로 대부분 5개로 갈라져 있다.

하·추과 겸용품종인 '승정도우핀'은 잎이 중·대형이고 5개로 갈라진 것이 많다. '브라운터키'는 잎이 크고 3~5개로 갈라져 있으며 갈라짐이 얇다. '바나네'와 '브룬스윅'은 잎이 중간 크기이거나 약간 작으며 3~5개로 갈라져 있다.

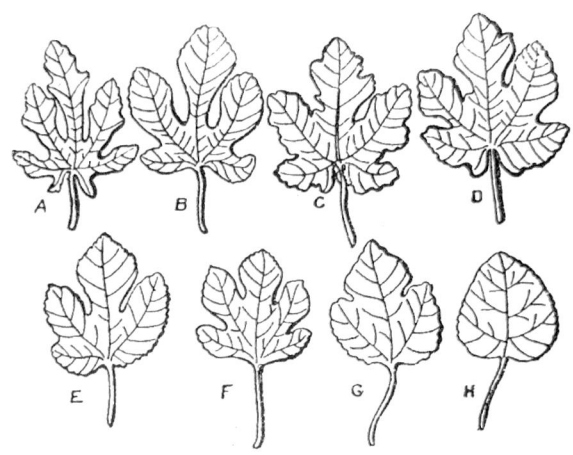

A 기본형, B 심장형 5엽, C 주걱형 5엽, D 거문고 기본형, E 심장형 3엽, F 짧은형(절형), G 처진엽형, H 무 결각형

[그림 1-5] 잎의 유형 (The Fig, 1947)

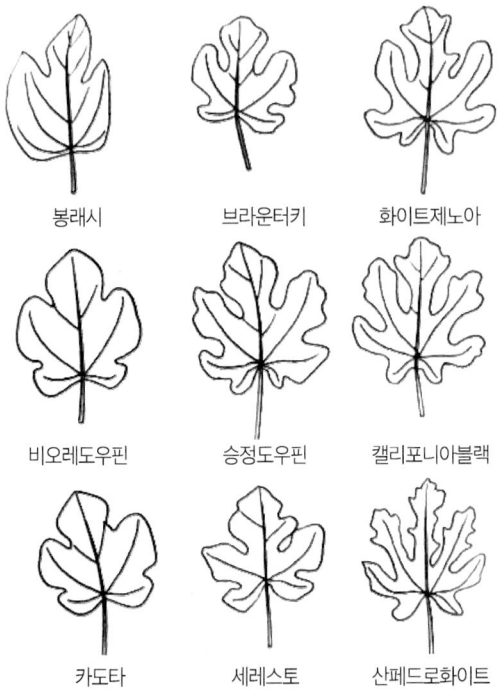

[그림 1-6] 무화과의 품종별 잎 모양 (イチジク栽培から加工·売り方まで, 2001)

    잎의 조직은 표피계, 기본계, 유관속계로 구성되어 있다. 표피에는 다수의 털이 있으며 표피층은 1층의 세포로 구성되어 있다. 기공은 수분 증발 및 가스교환을 하는 곳으로 일반적으로 잎 표면보다 잎 뒷면에 많이 존재한다.

    무화과나무는 뽕나무과인 인도고무나무와 비슷하게 표피세포에 세포막의 일부가 나와 있어서 잎에 탄산칼슘($CaCO_3$)을 침착시키는 종유체를 가진 대형 특수세포가 보인다. 탄산칼슘은 일종의 식물 배설물로 보고 있다[그림 1-7]. 이 때문에 잎의 앞면 표피와 뒷면 표피에서 탄산칼슘 배설을 볼 수 있다.

[그림 1-7] 탄산칼슘이 배설되어 잎에 침착된 모습

잎뿐만 아니라 가지, 열매, 뿌리에는 유관세포가 있어서 자르거나 손상 시키면 백색의 유액을 분비한다. 유액에는 피신(Ficin)이라는 단백질 분해효소가 포함되어 있다. 이는 단백질 분해효소 프로테아제(Protease)의 하나인 시스테인 프로테아제이다. 피신은 무화과나무가 손상될 때 침입해 들어오는 세균을 죽이므로 해충 등의 곤충에 대한 방어물질인 것으로 확인되고 있다. 그러나 무화과 안에 있는 피신은 세포의 액포(液胞)에 존재하여 세포에 포함된 대부분의 단백질과 접촉하지 않기 때문에 무화과 자체를 분해할 수는 없다(joins 블로그). 이 유액은 피부에 묻으면 가려움증을 유발하지만 휴면기간 동안에는 분비하지 않는다.

2) 잎의 기능

무화과나무의 영양상태가 좋으면 새순의 자람에 따라 마디마다 1장의 잎과 1개의 열매를 착과시킨다. 과일 1개를 정상적으로 성숙시키기 위해 필요한 잎의 수는 과실의 수와 거의 일치하기 때문에 과일과 잎의 비율은 1:1이라고 할 수 있다. 이는 나무 한 그루에도 동일하게 적용된다.

잎의 생장적온(20℃)이 지속되면 발아하여 잎이 전개되고 15~20일 후에는 다 자라 완전한 광합성을 할 수 있게 된다. 그러나 저온이 온 해 또는 그늘진 부위의 질소 과잉으로 충실도가 불량한 나무는 성엽화가 지연되고 광합성 능력이 저하된다.

잎의 최대 기능은 광합성이다. 정상적으로 다 자란 잎은 광포화점*이 40,000 lux 정도이고, 광보상점**은 1,000lux이다. 광합성은 잎뿐만 아니라 온도와 잎의 소질(영양상태)에 의해서도 영향을 받는다. [그림 1-8]은 잎의 온도와 광합성, 호흡의 관계를 보여준다. 무화과나무 광합성에 적합한 온도는 25~30℃이며, 30℃ 이상의 고온이 되면 광합성은 크게 감소하고 호흡이 증가한다. 광합성은 동화 양분의 생산이며 호흡은 소비이다.

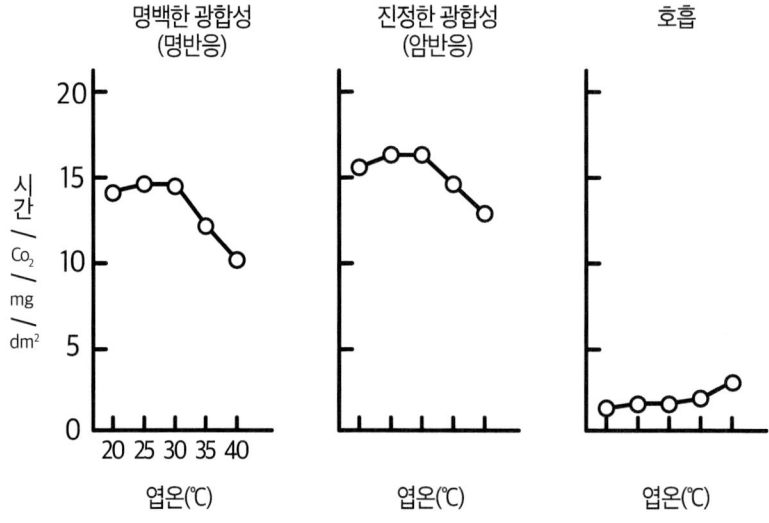

[그림 1-8] 무화과 광합성 속도와 호흡 속도에 미치는 잎의 온도 (天野 등, 1972)

고품질 과일을 생산하는 기술은 호흡(소비)을 감소시키고, 생산(동화 양분)을 더 많이 축적하는 것이다. 질소질 비료를 과다하게 사용하면 과번무하여 통풍이 나빠지고 한여름 고온기에 30℃ 이상의 엽온이 될 수 있다. 따라서 질소질 비료의 사용에 주의하고 여름전정을 실시하여 통풍과 수광자세를 좋게 하고 광합성을 높여야 한다.

> *광포화점
> 식물의 광합성속도가 더 이상 증가하지 않을 때의 빛의 세기

> **광보상점
> 광합성속도와 호흡속도가 같아지는 점의 빛의 세기

3) 가지

어린 가지는 회색 털이 분포하는 반면 묵은 가지는 매끄럽고, 줄기의 표면에 혹 모양의 작은 돌기를 가지고 있다. 새순이 발아함에 따라 순차적으로 잎이 발생하며 잎이 발생한 부위(잎줄기)의 바로 위에 잎눈(액아)이 발생하여 마디를 형성한다.

[그림 1-9] 가지의 잎자루 바로 위에 발생하는 눈의 성장

싹이 튼 후 새순이 자람에 따라 잎은 가지의 양쪽에서 교호(交互)로 착생한다. 마디는 갈색의 가는 돌기를 형성하며 그 위에 과실과 잎눈이 나란히 생긴다. 하·추과 겸용종인 '승정도우핀'의 새순에는 본년에 수확할 추과와 다음해 수확될 하과의 꽃눈이 착생한다.

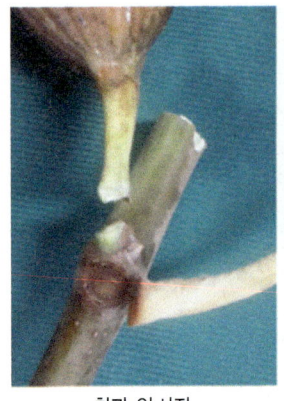  

착과, 잎 사진   미착과 마디   수확 마디

[그림 1-10] 낙엽 후 무화과 마디별 수확 부위

가지는 품종에 따라 굵기와 크기가 다르다. 끝눈과 끝눈에서 발생하는 어린잎의 색깔은 품종에 따라 다르며 끝눈은 녹색, 적색, 황갈색, 자갈색을 띤다. 특히 끝눈에서 발생하는 어린잎의 색으로도 품종을 구분할 수 있다.

가지는 표피와 표층부, 유관속부 등으로 이루어져 있고 가지의 중앙에 세포 간극이 많은 수부가 있는 것이 특징이다.

승정도우핀   바나네

[그림 1-11] 잎 선단에 나타나는 잎색

4) 새순의 신장과정

무화과나무의 새순은 [그림 1-12]와 같은 생장곡선을 이루면서 신장한다. 4월 하순경 시작하여 6월 중순에 이르면 최고조에 다다른 다음 대부분의 신장을 멈춘다. 8월 상순까지 완만하게 자라지만 이후에는 생장을 멈춘다. 10월 상순까지는 가지나 뿌리의 조직이 충실해지는 시기이다. 9월까지 성장을 계속하는 경우도 있는데, 이 시기에 착과된 과일은 작고 성숙하지 못하는 경우가 많다. 전정을 강하게 하였거나 질소비료를 과용하였을 때 미성숙과가 나타나므로 특히 주의하여 비료를 주어야 한다.

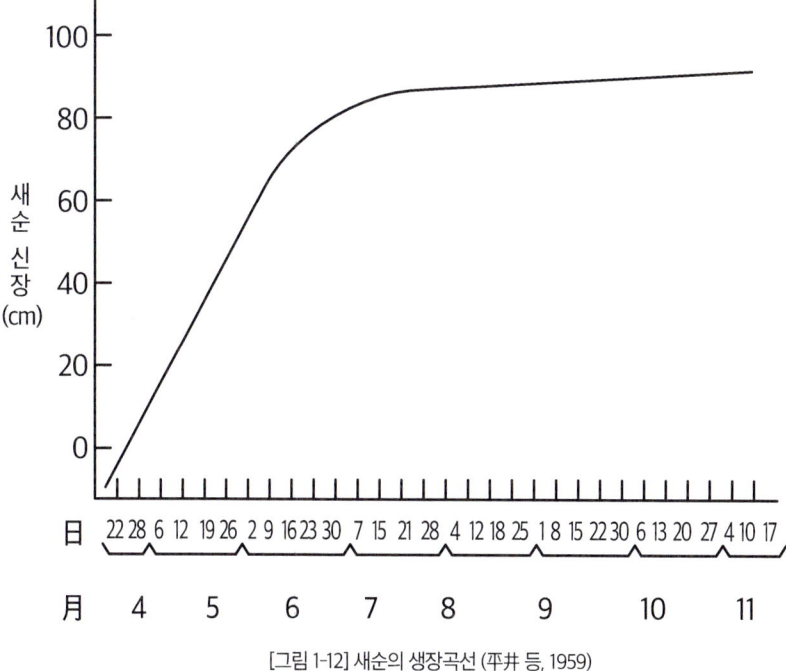

[그림 1-12] 새순의 생장곡선 (平井 등, 1959)

실제 재배에 있어서 일정 시기까지 새순을 신장시켜 동화 능력을 충분히 발휘하도록 건전한 잎을 확보하는 것이 중요하다. 이를 위해 동화 양분을 효율적으로 생산하여 과실의 발육과 꽃눈 분화를 돕도록 하는 재배기술이 필요하다. 이러한 관점에서 보면 새순이 조금 작더라도 과실의 비대 성숙기 이전인 7월 중순부터 하순 사이에 새순 신장이 완료되도록 관리하여야 한다.

5) 새순 내 탄수화물의 이동

[그림 1-13]은 탄수화물의 1년간 이동을 추적하여 새순 내 환원당, 전당, 전분의 함량 변화를 나타낸 것이다. 착생하는 과실의 1번과 12번 과일이 성숙함에 따른 환원당의 변화도 표시했다.

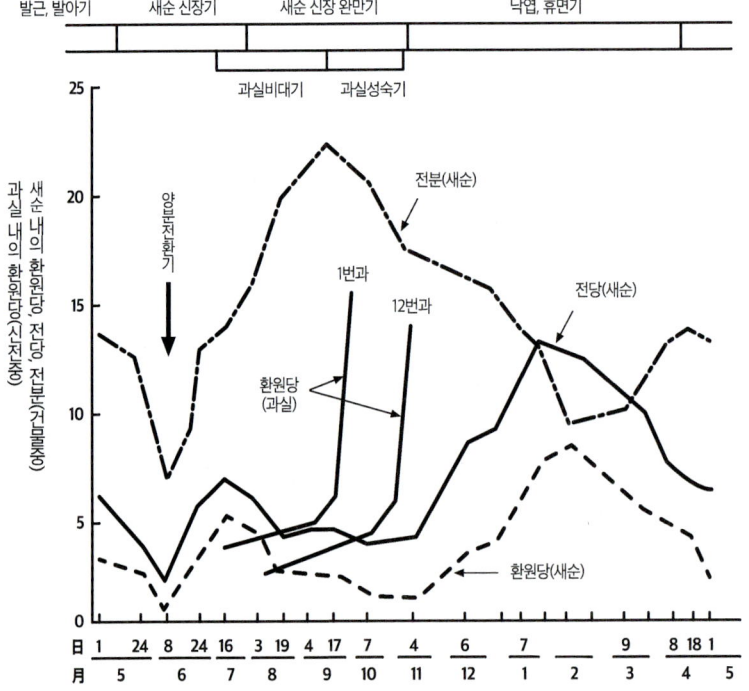

[그림 1-13] 과실 내 환원당 함량과 새순 내 환원당, 전당, 전분 함량의 시기별 변화 (平田 등, 1961)

새순과 과실의 생장단계별 각 성분 증감을 표시한 것은 [그림 1-14]와 같다.

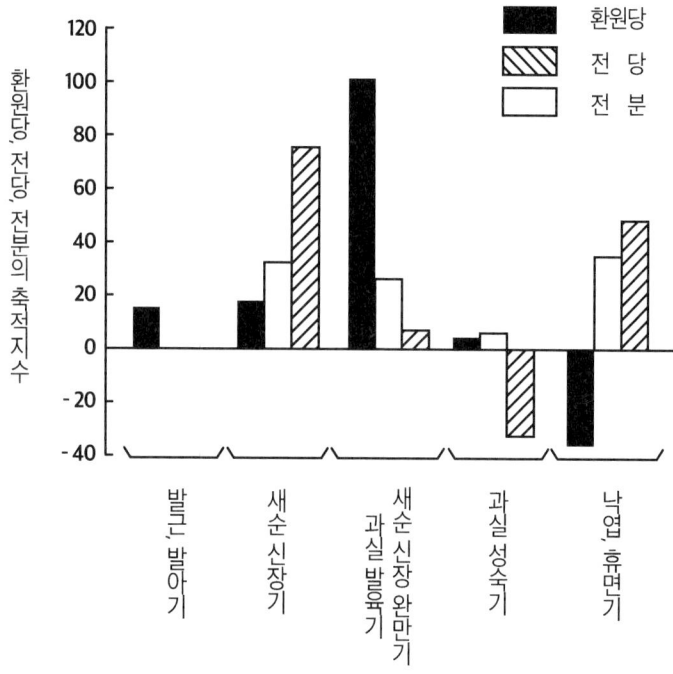

[그림 1-14] 연간 총생산량을 100으로 한 각 생육단계 비교 (平田 등, 1961)

새순의 양분 함량(전분)은 낙엽이 되면서부터 낮아지기 시작하여 생장 중기인 6월 상순에 최저가 된다. 그 후 신장에 반하여 전분 함량은 급격히 증가하고, 7월 중순에 최고에 달한다. 과실 비대기에 들어서면 다시 감소하고 과실 성숙기간 중에는 낮아진다.

전당은 과실의 대부분이 수확되는 낙엽, 휴면기가 되면 급격히 증가해서 2월 상순에는 연간 최고치에 이른다. 그러나 그 후 발근, 발아기까지는 급속히 감소하게 된다. 전당은 전분 함량과 같이 6월 상순까지 감소하여 연간 최저치를 나타내다가 6월 상순 이후 급격히 증가하여 9월 중순에 최고에 달한다. 이후 당 함량의 감소와는 반대로 전분 함량은 증가해 5월 상순까지 계속된다. 생육 전 기간을 통하여 1월 중순부터 3월 중순까지의 휴면기간 동안 전분 함량은 전당 함량보다 낮은 수치를 보인다.

당과 전분은 발근, 발아기부터 계속 감소하고 6월 상순에는 최저에 달하였다가 다시 증가하므로 이 시기가 양분전환 시기이다. 이 시기까지 새 뿌리, 가지, 잎, 어린 과일 등의 초기 생장 발육은 주로 전년도에 저장된 양분을 이용하나 그 이후에는 잎에 의해 생성된 동화 양분에 의하여 생장한다.

양분의 전환기에 새순이 자라고 잎의 동화 기능이 높아짐에 따라 줄기 안의 탄수화물 함량은 증가한다. 또 과일이 성숙함에 따라 탄수화물, 특히 전분 함량은 감소한다. 이는 새순 내의 전분이 환원당으로 전환되고 과실로 이행하기 때문이다. 낙엽, 휴면기가 되어 당의 증가에 대한 전분의 감소는 전분이 당으로 전환됨을 의미한다. 이 당은 무화과나무의 약한 내한성을 높이는 데 사용하게 된다.

나. 과실 및 결과습성

봄철에 발아한 새순의 기부 2~3절을 제외하고 각 엽액에서 과실(식물학적으로는 화탁)이 착생한다. 새순이 신장함에 따라 아래부터 순차적으로 착과하여 성숙하는 것을 제2기과(추과)라고 부른다. 늦게 형성된 새순의 선단부에 달린 과일은 가을을 지나 겨울로 접어들면서 저온에 의하여 발육이 멈추고 마르다가 결국 떨어진다. 그러나 새순의 끝부분에 있는 몇 개의 열매눈은 눈(꽃봉오리) 상태이기 때문에 오히려 추위에 저항력을 가지고 그대로 겨울을 넘길 수 있다. 이러한 가지를 전정하지 않으면 다음 해 봄에 발아하는데, 정아에서 새순이 신장을 시작하면 액아에서 전년도에 분화한 눈 상태의 과실이 발육한다.

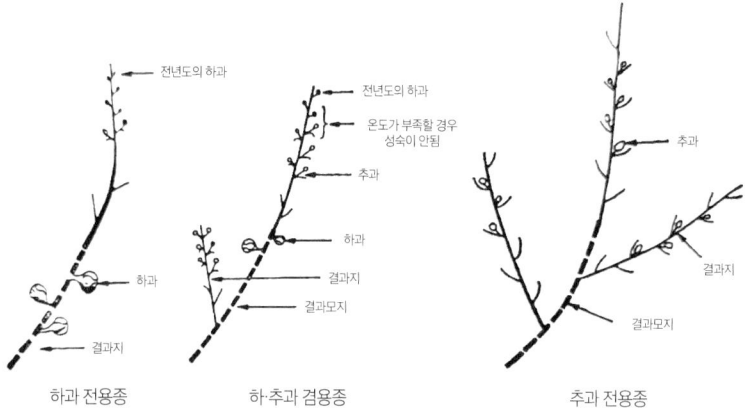

[그림 1-15] 무화과의 결과습성 (平田 등, 1961)

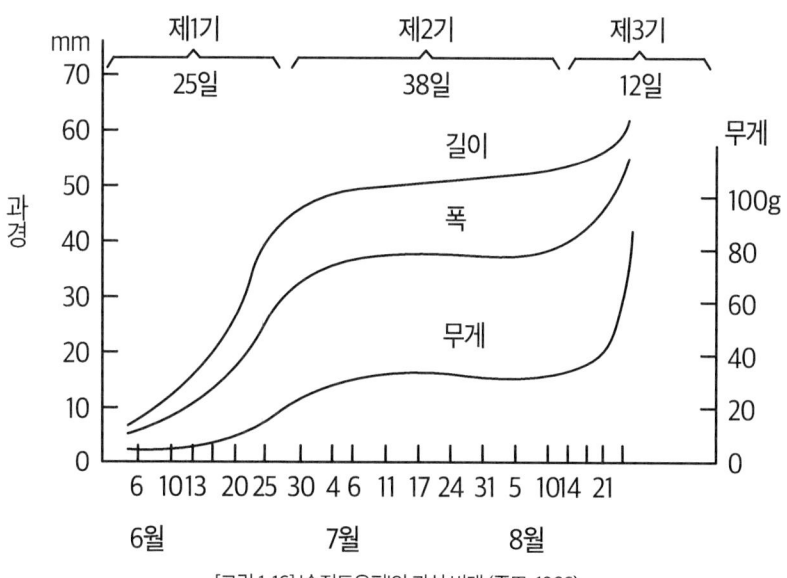

[그림 1-16] '승정도우핀'의 과실 비대 (平田, 1966)

전년도에 꽃눈이 분화하여 겨울을 넘긴 눈은 과실로 성장하여 6~7월이면 큰 대과로 성숙한다. 이를 제1기과(하과)라고 부른다. 즉 하과는 전년도의 가지에서 생산된 과일이고, 추과는 본년도의 새가지에서 착과된 과일을 말한다. 품종은 결과습성에 따라 크게 하과 전용종, 추과 전용종, 하·추과 겸용종 세 가지로 구분한다.

우리나라의 대표적인 품종인 '승정도우핀'은 하·추과 겸용종에 속하는데 우리나라에서는 추과 수확 위주로 재배되고 있다.

다. 뿌리

1) 뿌리의 형태

무화과나무는 꺾꽂이로 번식하며 지하부에서 절단된 줄기로부터 발근된 부정근이 발달한 뿌리이다. 무화과나무 뿌리는 지하로 뻗는 것보다 옆으로 자라는 성질이 있어 일반적으로 수직방향보다 수평으로 확대 분포하여 천근성을 나타낸다.

성목의 지하부에는 굵은 뿌리도 다수 분포하고 있는데 지상부의 가지처럼 측근이 분화하여 발생한다. 신장 중 세근은 백색이고 뿌리의 근단 기저부에는 작은 근모가 있다. 뿌리의 형태는 품종 간에 다소 차이가 있지만 동일한 품종이라도 토양 조건과 나무의 영양조건 변화에 따라 약간은 다르다.

토양 조건 중 뿌리 형태에 가장 큰 영향을 미치는 것은 수분 함량이다. 수분이 적당한 토양 조건에서는 뿌리가 왕성하게 자라고 가는 뿌리가 잘 나오나 수분이 적은 토양에서는 뿌리 자람이 더디어 뿌리가 짧게 자란다.

통기성도 뿌리 형태에 영향을 미친다. 통기성이 풍부한 토양에서는 뿌리가 굵고 근모 발생도 많으며 뿌리색이 백색을 나타낸다. 이와 반대로 통기성이 나쁜 토양에서는 뿌리의 신장이 나쁘고 세근과 근모의 수가 적다.

2) 뿌리의 생장

'승정도우핀'의 뿌리 활동이 시작되는 지온은 10~13℃이다. 뿌리 활동은 3월 하순부터 시작되어 5월 중순부터 6월 하순에 두드러지게 자라고, 9월부터 10월에는 가을 뿌리가 발생된다. 12월 상순경에 지온이 10℃ 이하가 되면 신장이 정지한다. 여름철 고온건조 시기에도 뿌리 신장이 일시 정지한다.

라. 연작장해

무화과나무를 심은 자리에 다시 무화과나무를 재배하면 생육이 현저히 저하된다. 이러한 현상을 연작장해라고 한다. 무화과는 복숭아와 같이 연작장해가 잘 나타나는 과수이다.

연작장해는 무화과나무가 재배된 토양에서 뿌리가 썩으면서 발생하는 독성물질에 의한 것이라고 하지만 명확하지는 않다. 한편으로는 뿌리에 기생하는 선충류에 의한 뿌리의 생육 저해를 원인으로 본다. 최근에는 뿌리가 썩으면서 발생되는 독소와 뿌리혹선충이 함께 영향을 주는 것이 유력하다고 보고 있다. 선충류가 뿌리의 생육을 저하시켜 부패하게 하고 선충에서도 유독물질이 생성되어 연작장해를 일으킨다는 것이다.

따라서 무화과나무의 연작장해를 최소화하기 위하여 토양에 남아 있는 오래된 뿌리와 가지를 제거해 주는 노력이 필요하다. 또한 심기 전에 구덩이를 파 새로운 토양으로 객토하고, 토양선충 약제를 살포하여 소독을 실시한 후에 식재하도록 한다.

마. 품종의 분류

무화과나무의 야생종은 카프리계 무화과이다. 일반 재배종의 조상을 찾아가면 카프리계에 도달한다. 카프리계 이름의 유래는 오래전부터 무화과나무 재배가 성행한 이탈리아 나폴리만의 남쪽에 위치한 카프리 섬과 관련된 것으로 추정된다. 이 카프리계 무화과 계통만 수꽃이 꽃받침 안에 착생 수정하여 종자로 번식된다.

카프리계에서 수꽃이 부족하여 스미르나계가 나타났고, 이 스미르나계에서 산페드로계, 산페드로계에서 보통계로 분화되었다. 이러한 분화 과정이 지난 후 오늘날 재배되고 있는 우량종은 유럽에서 최초로 재배되기 시작하였다.

1) 원예적 분류

무화과나무는 뽕나무과 무화과속 식물로 아열대성의 반교목성 낙엽과수이다. 과실은 유럽과 미국 등지에서 건과로 많이 이용되지만, 우리나라와 일본 등지에서는 식습관 등에 의하여 대부분 생과로 이용된다.

무화과나무 재배 역사가 긴 아라비아 반도 남부와 유럽, 미주 등에서는 건과로 이용하는 품종 등 다양한 품종군이 있다. 암꽃과 수꽃, 기생벌 및 수분의 유무에 따라 원예적으로는 카프리계(Carpri Type Fig), 스미르나계(Smyrna Type Fig), 산페드로계(San Pedro Type Fig), 보통계(Common Type Fig)로 분류한다.

[표 1-10] 무화과의 원예적 분류

분류	결과습성	비고
카프리계	○ 화탁 안에 암꽃, 수꽃, 기생벌이 있음 ○ 기생벌은 유충이 화탁 안에 기생하고 성충은 스미르나계 수분 매개 역할을 함 ○ 제1기과(춘과), 제2기과(하·추과), 제3기과(겨울과)가 착생함	○ 서남아시아 야생종 ○ 재배 품종의 선조 ○ 식용으로 부적합
스미르나계	○ 화탁 안에 암꽃만 있음 ○ 카프리계의 수정이 필요함	○ 건과용으로 적합
보통계	○ 화탁 안에 암꽃만 있음 ○ 제1기과(하과), 제2기과(추과) 착생 ○ 수분을 하면 종자생산 가능	○ 우리나라 재배 품종
산페드로계	○ 화탁 안에 암꽃만 있음 ○ 제1기과는 단위결실하고 제2기과는 수정이 필요함 ○ 결과습성은 스미르나계와 보통계의 중간정도임	○ 하과 전용 품종

㉮ 카프리계(Caprifig Type)

○ 학명: *Ficus Carica* Linn. var. Sylvestres Shinn

  남서아시아(소아시아 및 아라비아 지방)의 야생종이다. 재배 품종의 선조로 보고 있다. 화방 내에는 화주가 짧은 수꽃과 화주가 긴 암꽃을 가지고 있으며 '브라스토파가'라고 하는 기생벌의 작은 유충이 암꽃 내에 생식하여 작은 꽃을 형성한다. 이 곤충은 스미르나계의 무화과에 카프리계의 꽃가루를 운반하여 스미르나계 종의 수분을 도와 수정이 되고 결실하도록 해준다. 그렇기 때문에 스미르나계 종을 식재할 때에는 반드시 카프리계 종을 혼식하여야 한다.

  카프리계는 과실 속에 곤충이 들어 있고, 수꽃이 많아 식용으로는 부적합해 재배과수로는 이용되지 않는다. 대표적인 품종으로는 '팔마타', '스텐포드', '삼손' 등이 있다.

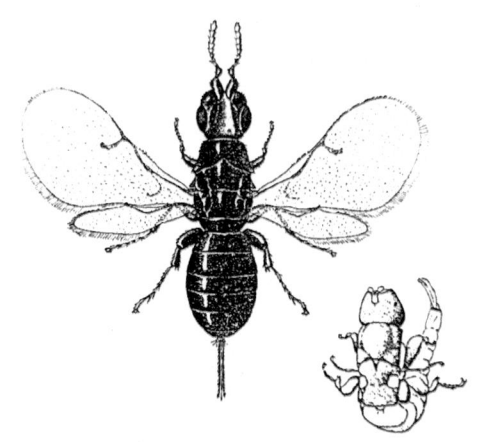

좌측 : 성충 암컷, 우측 : 성충 수컷

[그림 1-17] 무화과 수정벌 (Brastophaga)

㉯ 스미르나계(Smyrna Type)
○ 학명: *Ficus Carica* Linn. var. Smyrnica Shinn

소아시아의 스미르나 지방에서 재배되고 있는 품종군이다. 오늘날에는 건과용으로 폭넓게 재배되고 있다. 꽃받침에 긴 화주의 암꽃만을 갖고, 단위결실하지 않으며, 씨를 맺기 위해서는 카프리계의 수분이 필요하다. 건과로 이용하면 특유의 향이 있고 품질이 우수하다. 19세기 말 미국에서 이 품종의 재배 성공으로 건과의 혁신적인 산업을 형성하였다. '카르미나르'는 캘리포니아에서 재배되고 있는 스미르나계의 대표적 품종이다. '카르미나르', '카사바', '바다지그' 등의 품종이 있으나 우리나라와 일본에는 재배되고 있지 않다.

㉰ 보통계(Common Type)
○ 학명: *Ficus Carica* Linn. var. hortensis Shinn

우리나라와 일본에서 가장 많이 재배하는 무화과로 제1기과(하과), 제2기과(추과)가 이에 속한다. 일반적으로 수꽃을 갖지 않고 수정이 필요 없는 암꽃만으로 단위결실한다. 대표적인 품종은 우리나라에 주종을 이루는

'승정도우핀', '봉래시', '화이트제노아', '카도타', '바나네' 등이다. 생과로 이용되는 주요재배 품종이 보통계에 속한다. 하과(夏果)로 불리우는 제1기과는 지난해 성숙하지 못한 수수알 크기 정도의 과실이 겨울에 낙과하지 않고 이듬해 잎줄기와 함께 자라 6월 하순부터 7월 상순에 생산된다. 새가지에서 잎줄기가 함께 자라 과실이 맺은 정상과를 추과라고 하며 제2기과라 부르기도 한다. 이와 같이 하·추 겸용종이나 추과 전용 품종이 대부분 보통계에 속하며 일반적으로 수꽃을 갖지 않고 단위결실한다.

㉣ 산페드로계(San Pedro Type)
○ 학명: *Ficus Carica* Linn. var. intermedia Shinn

암꽃만 있고 제1기과는 보통계와 같이 수분을 하지 않고 단위결실한다. 제2기과는 카프리계의 수분을 필요로 하는 품종군이다. 결실습성은 보통계와 스미르나계의 중간이다. 일본에서는 일부 재배되고 있으며 묘목이 생산되고 있다. 하과 전용종인 '산페드로화이트'와 '비오레도우핀' 등이 이에 속한다.

현재 우리나라에서 재배되고 있는 주요 품종은 보통계와 일부 산페드로계로 과실의 비대와 성숙에 수분이 필요하지 않은 단위결실종이다. 우리가 식용으로 하는 열매는 다육질의 꽃받침과 그 내벽에 밀생하는 작은 꽃이다. 꽃눈 분화는 새순 생장이 가능한 환경에서 계속해서 일어난다. 최초의 꽃눈 분화는 '승정도우핀'의 경우 새로운 잎이 6~8매가 되는 시기인 5월 중순경이고 6월 상순경 과경이 3mm 정도가 된다. 이때부터 과실로서 외부형태가 형성된다.

'승정도우핀'은 새순의 2~3마디의 액아에서 착과한다. 이후 가지의 자람에 따라 점차 상위절로 모든 마디에 1개씩의 과실이 착생하여 성숙한다. 이 과일은 추과 또는 제2기과라고 한다.

가지 선단에 늦게 착생한 과실은 월동하여 다음 해 새순 신장과 함께 발육하고 6~7월에 성숙한다. 이 과실을 하과 또는 제1기과라고 한다.

2) 수확기에 따른 분류
　① 하과 전용 품종
　　　- 비오레도우핀(Violtte Dauphine)
　　　- 산페드로화이트(San Pedro White)
　　　- 킹(The King)

　② 추과 전용 품종
　　　- 봉래시(Holaish)
　　　- 화이트제노아(White Jenoa)
　　　- 니그로라고(Negro Largo)
　　　- 로얄데카론(Royal Decalon)
　　　- 아드리아틱(Adriatic)
　　　- 오스본플로리퍼(Osbon Florifer)

　③ 하·추과 겸용종
　　　- 승정도우핀(Masui Dauphine)
　　　- 바나네(Banane)
　　　- 카도타(Kadota)
　　　- 브룬스윅(Brunswick)
　　　- 캘리포니아블랙(California Black)
　　　- 화이트마르세이유(White Marseille)

6 품종특성

가. 하과 전용 품종

1) 비오레도우핀(Violtte Dauphine)

'비오레도우핀'은 일본에서 일부 재배되고 있지만 우리나라에서는 재배되지 않고 있다. 하과 전용 품종으로 프랑스가 원산지이며 남부 프랑스 지방에 주산지를 이루고 있다. 수세가 강하고 마디는 짧으며 가지의 끝에 있는 작은 가지가 굵고 거칠어 보이는 품종이다. 이 품종은 '비오렛'이라고 불리며 100~150g의 짧은 계란형 과실이다. 과피는 암적색, 과육은 황색으로 육질이 많고 당도가 13~18°Brix에 이른다. 우리나라의 하우스 시설재배에 도입할 수 있는 품종이다.

숙기는 6월 하순부터 7월 상순으로 10a당 1,000kg 내외의 수확이 가능하며, 과실은 열과가 되지 않으나 과피가 얇아 유통에 어려움이 있다.

하과 전용 품종으로 수량과 착색을 고려하여 적정한 솎음전정이 필요하며, 잎이 많으면 탄저병 발생이 많고 착색이 불량하다.

[그림 1-18] 비오레도우핀

2) 산페드로화이트(San Pedro White)

스페인에서 주로 재배하는 품종이다. 품종 특성으로는 수세가 강하고 개장성을 보인다. 새순은 하수형이고, 잎은 3~5개로 열각이 진다. 여름철 6월 하순부터 7월 중순경에 성숙하며 과중은 80g 정도이다. 과형은 계란형으로 과피가 황록색이며 작은 꽃의 색은 담도색이다. 과일은 향기가 있으며 식미가 좋다.

[그림 1-19] 산페드로화이트

3) 킹(The King)

우리나라에서도 일부 재배되었던 품종으로 현재는 유전자원 보관 차원의 정도로 남아 있으며 상업용으로는 재배되고 있지 않다. 과피는 초록색이고 과육은 밝은 복숭아색이다. 18°Brix에 이르는 고당도 품종으로, 과실의 무게는 40~200g에 이른다. 하과 전용 품종 중에서는 대과종으로 알려져 있다. 수세가 강한 품종으로 하우스 시설재배나 비가림재배에 알맞다.

[그림 1-20] 킹

나. 추과 전용 품종

1) 봉래시(Holaish)

　우리나라에서 오래전부터 재배하던 품종으로 무화과나무의 과수원화가 시작되던 시기에는 모든 과원에서 재배하였다. 이후 '승정도우핀'이 도입되면서 현재는 5% 미만의 면적으로 영암과 목포 등 남해안 일부 지역에서만 재배되고 있다.

　품종 특성은 수세가 강하고 나무는 직립성을 보이며, 곁순발생이 적지 않고 나무가 크게 자란다. 정아 우세성이 강하고 가지의 발생이 많다. 잎은 약간 크며 3각으로 열각이 되는 것이 대부분이나 열각이 없는 잎도 있다. 열각의 정도는 깊게 파이지 않은 중간 정도로 엽병이 짧다. 어린 나무 시기에는 아랫마디에 착과가 잘 안되며 성과기에 도달되어도 착과가 지연되는 성질이 있다.

　추과 전용이지만 하과에도 착과시킬 수 있는 품종으로 추과는 9월 상순경에 성숙하는 만생종에 속한다. 이 시기부터 성숙하여 서리가 내리기 전까지 수확하는 품종이다.

　10a당 1,500∼2,000kg 정도를 생산할 수 있다. 과일의 무게는 60∼70g이고 과형은 짧은 계란형부터 원형까지 있다. 과정부(과일 끝부분)가 짧고 과피는 적갈색이다. 과일의 끝부분이 3∼4개로 잘 벌어지는 특징이 있다.

　과육색은 담도색이나 홍색을 보인다. 당도는 중간 정도이며 산미가 약간 있다. 식미는 중간 정도이며 완숙과는 특별한 풍미를 가지고 있다.

　내한성이 강하여 동북 지방에서도 재배되고 있으며 '승정도우핀' 다음으로 많은 재배면적을 차지한다.

　수세가 강하고 나무가 왕성하게 자라 일문자 수형에는 알맞지 않은 품종이므로 재배 시 개심자연형으로 수형을 구성하는 것이 좋다.

　어린 유목기에 가지를 강하게 전정하면 강한 새순이 발생되어 착과가 잘 안되므로 약한 전정을 하여야 한다. 수세가 강한 재배지의 경우 여름전정을 하여 솎아내거나 유인해 주는 것이 좋다.

[그림 1-21] 봉래시

2) 일본 조생 봉래시

품종 특성은 '봉래시'와 비슷하다. 일반적인 '봉래시'가 9월 상순부터 수확을 시작하는 것과 달리 8월 하순부터 수확을 시작하여 10일 정도 조기 수확이 가능한 품종이다. 과중은 50~100g이고 당도는 16~20°Brix로 고당도이다. 발아 시기는 5~6월로 '봉래시'보다 늦다.

[그림 1-22] 일본 조생 봉래시

3) 니그로라고(Negro Largo)

우리나라에서는 재배되고 있지 않은 품종이다. 스페인이 원산지로 과피가 자흑색이며 과육은 황색으로 육질에 점질이 많고 당도가 17~18°Brix 정도이다. 과즙이 풍부하고 과중은 30~60g으로 소과종이다. 생산성이 낮으나 품질은 좋은 편이다.

[그림 1-23] 니그로라고

4) 세레스토(Selesto)

원산지가 불분명하다. 과형은 긴 계란형의 소과종으로 당도가 18°Brix 정도인 추과 전용 품종이다. 과피색은 붉은 갈색이며 과육색은 복숭아색이다. 점질이 많고 당도가 높아 잼 등 가공용으로 적당하다. 추과 전용 품종이지만 8월 상순부터 수확이 가능하다.

[그림 1-24] 세레스토

5) 화이트제노아(White Jenoa)

'화이트제노아'는 하과 생산도 가능하지만 추과 재배 품종으로 비옥한 토양을 좋아하며 추위에 강하다. 과피는 황록색이며 육질은 붉은 분홍색을 띤다. 과일은 생과나 건과, 잼으로 이용되며 저온에서 2~3일 동안 저장이 가능하다.

약산성을 좋아해 토양 pH 6.0~6.5가 생육에 좋다. 과량의 질소를 함유한 토양은 잎의 생장이 왕성하여 열매를 맺지 못하므로 적정한 시비관리가 필요하다.

[그림 1-25] 화이트제노아

다. 하·추과 겸용종

1) 승정도우핀(Masui Dauphine)

미국 캘리포니아에서 일본을 거쳐 우리나라에 도입된 품종으로 우리나라 재배면적의 95% 정도를 차지하고 있는 주품종이다.

수세는 중간 정도이며 개장성이다. 잎은 5개의 결각이 있는데 결각의 깊이는 중간 정도이다. 가지의 자람새가 좋고 아랫마디부터 착과가 잘 된다. 성과기에 도달하는 기간이 짧고, 낮은 수형으로 관리하기가 편하다. 하·추과 겸용종으로 하과가 착과되면 추과의 비대에 영향을 주므로 일반적으로 추과 위주로 재배하고 있다.

10a당 100주 내외로 식재하는 것이 좋으며 8월 중순부터 수확을 시작하여 서리가 내리기 전까지 수확이 가능한 품종이다. 과일의 무게는 80~130g이며 과형은 긴 타원형으로 계란 모양이다.
　과피는 자갈색으로 두께가 얇고 열과 현상이 적게 나타나지만 과일 끝부분이 약간 찢어진다. 과육은 담홍색이며 작은 꽃은 적자색이다. 육질은 치밀하지 못하며 감미와 향이 적은 편으로 품질은 중간 정도다.
　과일이 크고 착과성이 좋으며 열과가 적고 수량이 많아 우리나라에서 가장 많은 면적에 재배되고 있다. 10a당 1,500~3,000kg이 생산되는 풍산성 품종이다.
　내한성이 약해 -6℃에서 3일 이상 경과되면 동해를 받기 쉽다. 과피의 착색은 햇빛, 온도, 영양분 등의 조건에 영향을 받는다. 수관 내부나 아랫마디에 착과된 과일은 착색이 잘 되지 않아 품종 고유의 색깔을 내지 못하는 경우가 있다. 가을철 착색에 적절한 온도가 유지되는 시기에는 완전히 성숙되지 않은 과일도 착색이 되므로 수확적기 판단이 중요하다.

[그림 1-26] 승정도우핀

2) 브라운터키(Brown Turkey)

　하·추과 겸용종으로 과일이 작고 수량성이 낮아 예전에 일부 재배하였으나 현재는 정원용으로 기르고 있는 품종이다.
　나무의 수세가 약간 약하고 잎은 작은 편으로 짙은 녹색을 띤다. 잎은 3~5개로 열각이 되어 있으며 열각의 깊이는 얕다.

하과 열매의 무게는 70g 내외이며 추과는 40g 정도로 작다. 과형은 타원형이면서 과일의 끝부분이 약간 평평한 모양을 지니고 있다. 과피는 붉은 갈색이고 과육은 암적색을 띠고 있다. 과육의 점도가 진하고 단맛이 강하다. 과일이 작고 검은색으로 상품성이 떨어지지만 고당도 품종으로 가정에서 키우는 과수로는 좋은 품종이다.

[그림 1-27] 브라운터키

3) 바나네(Banane)

'바나네'는 하·추과 겸용종으로 하과는 6월 하순에서부터 7월 중순 사이에 수확한다. 100~200g 내외의 대과를 생산할 수 있는 품종으로 당도는 15~16°Brix이다. 추과의 경우 8월 하순에서 서리가 내리기 전까지 생산된다. 과일의 무게는 35~120g이며 당도가 23°Brix에 이르는 고당도 품종이다.

과형은 긴 모양의 계란형으로 과피는 밝은 황록색이다. 과육색은 유백색으로 육질에 점질이 많다.

'바나네'는 풍산성으로 아랫마디부터 과실이 잘 착생한다. 당도가 높은 반면 과형은 보통이다. 과경이 가늘고 길며 옅은 갈색이다. 외관상 상품성이 높지 않으나 재배과정에서 관리를 철저히 하면 과형을 미려하게 생산할 수 있다. 추위에 강하며 가지가 곧고 안정된 수형이다.

잎은 1~7개의 열각으로 되어 있으며, 잎가는 거친 톱날모양으로 가늘고 길다.

[그림 1-28] 바나네

4) 카도타(Kadota)

 과일은 50g 정도이며 과피는 녹황색을 띤다. 비를 맞으면 과일 끝이 벌어지는 단점이 있다. 과육은 약간 푸른빛을 띠며 점도가 매우 높다.

 하·추과 겸용종으로 상품성이 낮아 건과 제조에 적당한 품종이다. 이탈리아와 미국에서는 건과용과 통조림용으로 많이 재배되고 있다.

[그림 1-29] 카도타

2장
번식

과수의 번식에는 종자를 가지고 번식시키는 실생번식(Seed Propagation)과 가지, 뿌리 등을 가지고 번식시키는 영양번식(Vegetative Propagation)이 있다.

실생번식은 씨앗을 파종하여 식물체의 묘목을 얻는 방법이다. 과수 대부분은 씨앗을 맺기 위하여 다른 꽃과 꽃가루받이를 하는데, 이렇게 생긴 씨앗은 유전적으로 순수하지 못하다. 따라서 같은 나무에서 얻은 종자라 할지라도 파종하여 자라면 어미나무의 형질과 다른 여러 가지 모습을 나타낸다.

영양번식은 무성번식이라고도 한다. 영양번식은 어미나무에서 자연적으로 생성, 분리된 영양기관을 이용해 여러 가지 방법으로 번식한다. 영양기관을 접수 또는 삽수로 이용하는 자연영양번식과 영양체의 일부를 채취하여 재생 및 분생의 기능을 이용해 인공적으로 영양체를 증식시키는 인공영양번식이 있다. 영양번식은 종류도 많고 그 번식 방법과 기술도 다양하다.

우리나라에서 재배되고 있는 무화과 품종은 단위결실(Parthenocarpy)*을 한다. 단위결실한 무화과는 종자 속에 배유가 없기 때문에 종자를 파종하여도 발아되지 않는다. 무화과의 영양번식 방법으로는 뿌리 나누기, 접목, 삽목 등이 있는데 우리나라에서는 주로 삽목으로 번식하고 있다.

---

*단위결과(결실)
수정되지 않아도 과실이 형성·비대되는 현상으로 바나나, 무화과, 파인애플, 감, 감귤류의 무핵과 등이 단위결실을 한다.

1 분주

분주는 어미나무 줄기의 지표면 가까이 또는 뿌리에서 발생하는 움을 뿌리와 함께 잘라 새로운 개체인 묘목으로 만드는 방법이다.

2 취목

가. 묻어 떼기

어미나무의 가지를 휜 다음 땅에 묻거나 흙으로 덮어주고 높은 가지를 흙이나 물이끼 등으로 싸매어 뿌리가 나도록 하는 것이다. 뿌리가 나면 잘라내어 새로운 개체로 만들어 내는 방법이다.

나. 휘묻이

어미나무의 생가지를 구부려 일부 또는 전부를 땅속에 묻어 발근시키고, 뿌리 밑에서 잘라내어 새로운 개체를 만들어 내는 방법이다.

다. 높이 떼기

어미나무의 가지를 지표면까지 휘어 내리지 못할 경우, 가지를 그대로 두고 흙이나 물이끼로 감싸서 발근하도록 한 후 뿌리가 자란 밑 부분에서 잘라내어 새로운 개체를 만드는 방법이다.

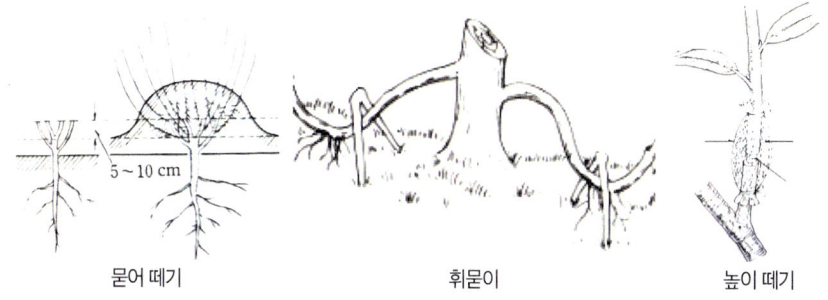

[그림 2-1] 번식 방법 (과수원예총론, 1987)

3 삽목

가. 삽목 시기

무화과나무 번식은 대부분 대량생산이 가능하고 작업이 단순한 삽목을 이용하여 생산하고 있다. 보통 봄철에 지난해 과일을 수확한 가지를 전정하여 삽수로 이용한다. 이미 식재되어 있는 과원에서 다른 품종으로 교체하고자 할 때 접목법을 이용하여 품종을 교체하기도 한다.

무화과나무의 삽목은 연중 가능하지만 노지토양에서 삽목할 경우에는 동해나 서리의 피해를 받지 않는 4월 중에 하는 것이 바람직하다. 필요에 따라 여름이나 겨울에 삽목을 할 수 있다. 여름에는 삽수의 수분 증발을 억제하기 위하여, 발근되는 아래쪽을 제외하고 삽수를 파라핀 필름으로 피복하여 삽목한다. 그 다음 차광망을 설치하면 생존율을 높일 수 있다.

시설하우스에서 당년 육묘·식재를 하면서 조기 생산을 목적으로 동절기에 삽목을 실시할 경우에는 전열온상을 이용한다. 정식 45일 전에 삽목하여 정식 시기에 도달하였을 때 잎이 4~5매가 확보되도록 하여야 한다.

삽수 자르기

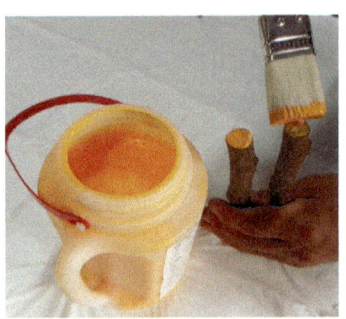
도포제 처리

[그림 2-2] 삽수 전정 및 절단면 도포제 처리

나. 삽수 채취

삽목에 앞서 삽수를 채취하는데 삽수는 전년도에 자란 가지를 이용한다. 낙엽이 진 후부터 시작하여 이듬해 3월 사이에 전지·전정을 실시하며 전정을 마친 가지를 삽수로 이용한다.

일반적으로 전정 시기가 삽목 시기보다 빠르기 때문에 전정을 실시한 후 1~4개월 후에 삽목 시기가 도래한다. 따라서 삽수로 사용할 가지는 보관할 필요가 있다. 전정된 가지를 20여 개씩 묶어 땅속에 묻거나, 건조하지 않도록 비닐 등으로 보습한 다음 5℃ 내외의 저온저장고에 보관하여 사용한다. 새순 발생 이후에 삽목을 해야 할 경우에는 가능한 목질화가 진행된 새로운 가지를 사용하는 것이 좋다.

다. 삽수 만들기

낙엽이 된 가지에서 삽수를 고를 때에는 가지의 위쪽과 아래쪽을 제외한 중간 가지를 골라야 발아가 양호하고 발근이 잘 된다. 삽수의 길이는 20~25cm 사이여야 하고, 눈은 2~3개를 둔다. 무화과나무는 목질이 연하고 중앙이 비어 있으므로 뿌리가 생성되는 쪽은 마디 바로 아래쪽을 자르고, 위쪽은 마디 위 3cm 정도를 남기고 자른다. 또한 삽목 중 발근되기 이전의 삽수가 건조될 우려가 있기 때문에 상부 절단부위에 필히 도포제를 처리하여야 한다. 뿌리가 발생하는 아래쪽은 절단면이 넓게, 위쪽은 절단면이 좁게 자른다.

잎이 있는 가지로 삽목을 할 경우에는 낙엽이 진 삽수와 같은 방법으로 삽목을 한다. 이때 착과된 과일과 최상위 잎을 제거한 다음 남아 있는 잎을 1/3 정도만 남기고 잘라내어 삽목하는 것이 좋다.

라. 삽목상 설치 및 삽목

1) 노지토양

　삽목상은 땅에 설치하는 방법과 포트로 삽목하는 방법이 있다. 노지토양에서의 육묘는 가을철 낙엽이 진 후 묘목을 파서 얼지 않도록 묘목의 2/3를 땅 속에 묻어둔 다음 이듬해 정식한다. 토양육묘는 육묘 중 토양으로부터 병해충에 전염되기 쉽다. 따라서 건전한 묘목을 생산하기 위하여 병이나 토양선충에 오염되어 있는 토양은 피해야 한다.

　삽목 시 마지막 눈의 아래쪽까지 충분히 깊게 심어야 가뭄의 피해를 줄이고 건전한 묘목을 생산할 수 있다. 깊이 갈아지지 않은 토양에서는 줄기가 깊게 묻힐 수 있도록 약간 눕혀 심어야 한다.

　삽수를 심기 전에 흑색 비닐 멀칭을 하는 것이 보습에 좋고 잡초 발생을 막아주어 육묘 생산의 노동력을 줄일 수 있다. 묘상에서 적절한 수분이 유지되면 무화과나무의 삽수는 뿌리를 잘 발생한다. 적절한 토양수분 유지를 위하여 관수시설은 필수적이다.

　삽목상의 넓이는 여러 가지 작업이 용이하도록 120~150cm로 이랑을 설치하고, 삽수는 20×20cm 거리로 심는 것이 적당하다.

　발아한 후에 새순이 발생하면 주당 1개만 남기고 나머지는 제거하며 5~6월에 웃거름을 시용한다. 8월 이후에 웃거름을 주면 쓰러짐이 발생하므로 시용하지 않는다.

2) 전열온상

　전열온상 삽목은 동절기 삽목 육묘를 한 후 그해 이른 봄에 식재하기 위하여 실시하는 방법이다. 전열온상을 설치하기 위하여 필요한 전열선과 온도 제어가 가능한 컨트롤 박스를 구입한 후 기기에 맞는 육묘상을 설치한다. 일반적으로 판매되고 있는 농업용 전열기는 1.2×10m 규격으로 되어 있다. 전열기 구매 시 기재되어 있는 방법대로 삽목상을 설치한다.

전열온상에서 삽목한 묘목은 약 45일이 지나면 잎이 4~5매가 되며 포트 내에서 뿌리가 매트를 형성하는데 이 시기에 정식을 하는 것이 가장 좋다. 전열온상에서 포트에 심지 않고 상토에 바로 심으면 정식할 때 묘목을 파내면 뿌리가 상처를 입기 때문에 생육이 늦어진다. 따라서 비닐 포트에 원예용 상토를 담고 삽목해야 뿌리의 손상이 적고, 정식하여도 생육에 지장이 없이 자란다. 포트는 높이 12cm, 넓이 12cm 내외의 비닐 포트가 적절하다.

마. 삽목상 관리

1) 노지토양

삽목 후에는 삽목 재배지가 마르지 않도록 적정한 수분관리를 실시하여야 한다. 2개 이상의 싹이 나오면 1개만 남기고 나머지 순을 따준다. 삽수에서 잎이 4매 발생되기 시작하면 9월까지 2~3회 정도 복합비료를 소량 살포하여 비료 부족 현상을 막아주어야 건전한 묘목을 생산할 수 있다. 낙엽이 진 후 묘목의 크기는 길이 1m, 하부의 나무 직경이 1.5cm 정도가 되는 것이 가장 좋다.

2) 전열온상 관리

동절기에 시설하우스에서 육묘를 할 경우 전열상의 온도를 23~25℃가 되도록 조절한다. 전열온상 육묘는 포트에 삽목한 다음 10일간 터널을 만들어 비닐로 피복한 후 부직포를 덮어 관리한다. 이때 터널 내부 습도는 90%, 온도는 30℃가 넘지 않도록 유지 관리하여 수분 증발을 막고 발아를 촉진시킨다. 이후 온도가 높아지는 낮 동안에는 환기 관리를 해야 하고 15일 정도가 지나면 발아가 된다. 삽목은 당년도에 식재할 것을 예상하고 육묘하므로 노지토양에서 1주당 1개의 가지만 기르는 방법과 달리 묘목 1주에 필요한 가지 수의 순을 남긴다. 단기간의 육묘이기 때문에 재배 중 비료를 주지 않아도 된다. 40~50일이 지나면 포트 내부에 뿌리 매트를 형성하고 잎 수는 4~5매가 된다. 이때 묘목을 완성하여 정식한다.

| 노지 | 전열온상 |

[그림 2-3] 노지와 전열온상 삽목현장

3) 노지 삽목묘 월동

　노지에서 육묘된 묘목은 이듬해 봄 서리 피해가 없는 시기에 정식한다. 어린 1년생 묘목은 추위에 매우 약하기 때문에 삽목이 된 채로 월동을 하게 되면 동해를 입기 쉽다. 특히 겨울철에 기온이 -3℃ 이하로 내려가는 지역은 지제부위에 동해를 받는다. 따라서 제주 지역을 제외한 모든 지역에서는 묘목의 안전 월동을 대비해야 한다. 서리가 내린 후 낙엽이 지면 묘목을 파내어 10~20주씩 묶은 뒤 묘목의 2/3 정도를 땅속에 묻어 저장하였다가 이듬해 파내어 정식하는 것이 안전하다.

4 접목

접목은 어미나무에서 가지나 눈을 잘라내어 이것을 다른 나무에 접착시켜 접목 공생을 하도록 하는 것을 말한다. 보통 윗부분을 접수, 뿌리를 가졌거나 가질 부분을 대목이라고 한다.

접목은 대목을 제자리에서 접붙이기 하는 제자리접과 대목을 캐내어서 접을 하는 들접이 있다. 접목 시기에 따라 봄접, 여름접, 가을접으로 나눈다. 접목 위치에 따라 고접, 배접, 뿌리접이 있다. [그림 2-4]와 같이 접수의 종류에 따라 눈접, 가지접, 쌍접, 삽목접, 다리접이 있다.

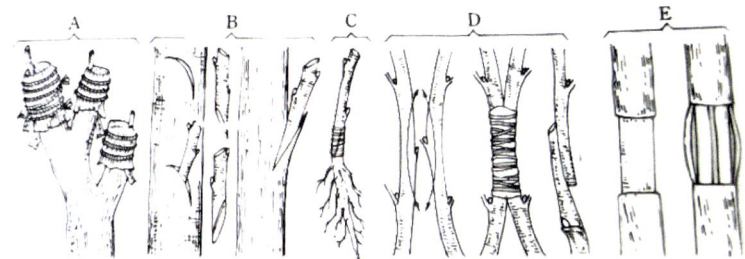

A : 고접 B : 배접 C : 뿌리접 D : 쌍접 E : 다리접

[그림 2-4] 여러 가지 접목 (과수원예총론, 1987)

3장
개원과 나무심기

1 무화과 과원의 적지

가. 기상 조건

무화과나무는 원산지가 아열대 지방이기 때문에 여름철 고온보다 겨울철 저온에 제한을 받는다. 내한성 품종에 따라 다르지만 낙엽과수 중에서는 추위에 약한 편에 속한다. 우리나라에서 재배되고 있는 품종 중 '봉래시'와 '바나네'는 '승정도우핀'에 비하여 내한성이 약간 강하다.

'승정도우핀'은 내한성이 약하여 성목의 경우 -8~12℃가 한계인데 어린 나무는 특히 약하다. 그러나 동해의 발생상황을 보면 겨울의 저온보다는 초봄의 저온에 의한 피해가 많고, 발아 시기 직전에는 -1~3℃에서도 동해를 받는다. 따라서 사전에 국지기상을 조사하여 무화과 재배의 가부를 판단하여야 한다.

무화과나무는 건조지대에서 자라기 때문에 여름철 강수량이 적은 곳에서 재배하는 것이 적합하다. 우리나라처럼 여름철에 고온다습한 환경에서는 잎과 가지가 왕성하게 자라 과번무하게 되지만 재배 부적격 환경은 아니다. 다만 성숙기에 강우가 잦을 경우 과일에 열과가 생기거나 산패하기 쉬워 품질이 저하된다. 잦은 강우에 의하여 일조량이 부족해지면 착색이 불량한 과일이 생산되어 수량과 품질이 저하된다. 또한 역병, 검은곰팡이병 등이 발생하기 쉽다.

무화과나무는 태풍에 약하다. 비교적 천근성 작물이므로 강한 태풍에는 쓰러지고 잎과 가지가 찢어지기 쉽다. 또한 잎이 거칠고 크기 때문에 강풍으로 잎이 흔들리면서 과일에 상처를 주어 과일의 외관이 나빠질 수 있다. 과수원을 시작할 때는 태풍과 바람을 막을 수 있는 장소를 선택하는 방풍대책이 필요하다.

나. 토양 조건

무화과나무는 비교적 다양한 토양에서 잘 자라지만 그 중 토층이 깊은 사양토나 식양토가 좋다. 석회 흡수량이 많은 편이며, 토양산도의 경우 산성 토양은 부적합하고 중성에 가까운 토양이나 약알칼리성 토양이 적합하다.

토양 조건에서 문제가 되는 것은 토양수분이다. 습지에서도 잘 자란다고 알려져 있지만 이것은 잘못된 생각이다. 무화과나무는 복숭아나무와 함께 뿌리의 산소 요구량이 높고 내수성이 약한 과수이다. 잎이 크고 여름철 고온건조기에 잎 표면의 수분 증발량이 많아 수분 요구량 또한 많다. 토양수분이 부족하면 가지와 잎의 생장이 나빠지고 조기에 낙엽이 되기도 하여 수량과 품질, 수세 등이 저하되면 일소장해가 발생하기도 한다.

[표 3-1] 토성별 무화과 지상부와 지하부의 발육 관계 (二井內, 1949)

	가지 길이 (cm)	지상부 중량 (g)	지하부 중량 (g)	굵은 뿌리 (g)	가는 뿌리 (g)	T/R
사토	41.8	36.4	17.3	7.6	9.7	2.04
사양토	60.8	64.3	32.6	12.0	20.6	1.97
양토	62.1	62.6	31.9	9.9	22.0	1.96
식양토	57.1	43.2	18.0	9.4	8.6	2.30
식토	52.7	38.2	169.1	4.6	11.58	2.37

※ T/R : 식물체의 지상부와 지하부의 무게 비율

언급한 바와 같이 무화과 과수원을 조성할 경우 토양은 배수가 잘 되고 보수력이 충분하며, 토층이 깊어 관수가 편리한 재배지를 선택하는 것이 가장 중요하다.

무화과나무는 선충이 기생하기 쉽고, 연작에 의한 장해가 발생하기 쉬우므로 토양선충이 없는 재배지를 선택하고 연작을 피해야 한다.

다. 시장조건

우리나라에서는 제2기과인 추과를 주로 생산해 생과 위주로 이용하고 있다. 과실의 성숙 정도에 따라 품질 차이가 현저하므로 완숙된 무화과를 수확하여야 무화과 특유의 풍미를 갖는다. 미성숙된 과일은 당도가 낮고 풍미가 적다. 무화과는 과실의 선도 저하가 빨라 저장성이 낮은 과일이며, 과피가 얇고 과육이 부드러워 수송성이 나쁘다. 따라서 완숙될 때까지 기다리지 말고 출하 당일 이른 아침에 수확하고 그날 소비자에게 전달되도록 하는 것이 바람직하다. 시장출하를 목적으로 할 경우 재배지와 시장이 가까운 것이 좋다. 기상이나 토양 등 자연조건에 특별한 결함이 없는 한 시장과의 거리가 가깝다는 조건으로도 좋은 생산지가 될 수 있다.

2 재배지의 선정

무화과나무는 과수 중 식재가 가장 용이하다. 묘목 구입비도 저렴하고 정식 후 과일을 수확하기까지 오래 기다리지 않고 소득을 올릴 수 있기 때문이다.

고령화 사회에 돌입하여 60세 정년을 맞이한 후 취미와 여유 있는 생활을 위해, 또는 파트타임 이상의 소득을 목표로 손쉽게 도전할 수 있는 것이 무화과이다. 개인이 판매를 하지 않아도 공판장 등을 통하여 출하하면 보통의 수익을 얻을 수 있다. 소득이 낮은 벼농사의 현실을 고려하면 논을 밭으로 이용하여 무화과를 재배하는 것도 하나의 방법이다.

무화과나무는 조기에 결실하는 특성이 있지만 경제수령이 짧으므로 이의 연장이 필요하다. 따라서 무화과 재배에 적합한 재배지를 선택하는 것이 매우 중요하다.

가. 배수조건이 좋아야 한다.

무화과나무의 뿌리는 산소요구도가 높고 습해에 약하고, 표층에 분포하므로 가뭄에 매우 취약하기 때문에 배수가 잘 되는 재배지를 선정하여야 한다. 무화과 과수원은 비가 내린 후 곧바로 배수가 되어 침수가 없어야 한다.

나. 농가에서 가까운 곳이 좋다.

무화과나무는 수확기에 집중적인 노력이 필요하다. 8월부터 서리가 내리기 전까지 선과, 출하, 숙기촉진제 처리, 관수, 곁순 제거, 매일 농장 순회, 성숙과 수확, 과실 운반 등의 작업이 필요하다. 이러한 작업이 용이하도록 농가와 무화과재배 농장은 가까울수록 좋으며, 겸업농가이면 더욱 좋다.

다. 관수가 편리한 재배지를 선택한다.

 무화과나무는 뿌리가 천근성이기 때문에 건조에 약하다. 수액이 이동하는 3월부터 수확이 완료될 때까지는 계속해서 관수가 필요하다.
 관수의 정도와 시기는 다르더라도 짚 등으로 덮어서 적정한 토양수분을 유지해야 한다. 때문에 관수하는 비용이 가급적 덜 드는 곳에서 재배하는 것이 좋다.

라. 냉기가 정체되는 지역이나 눈피해 발생지는 피한다.

 무화과나무는 추위에 약한 과수로, 초봄에도 가지 끝이 눈과 서리에 의한 피해를 입기가 쉽다.
 또한 평탄지에서도 지대가 낮은 지역에서는 냉기가 정체되어 피해가 종종 발생하고 있다.

마. 재배지의 집단화가 필요하다.

 서리방지 대책이나 관수의 효율적 이용을 위하여 무화과 재배지가 집단화된 곳이 좋다. 이는 가까운 재배지에서 여러 가지 작업을 능률적으로 수행하기 용이하기 때문이다. 무화과는 집약적 관리가 필요한 작물로 집단화가 되면 노동 생산성이 높아진다.
 최근 지주나 유인선을 설치하는 농가가 늘어나고 있다. 또한 서리를 방지하고 겨울철을 안전하게 지내기 위해서 보온자재를 이용한 보온작업도 실시하고 있다. 이러한 작업을 능률적으로 해결하기 위해서 집단화가 필요하다.

바. 병해충 발생 우려지역을 피한다.

과수원이나 차나무, 뽕나무를 심었던 재배지에 무화과를 심으면 주고병, 뿌리혹선충 등의 발생이 우려되고 이어짓기 장해가 발생되기 쉽다. 그러므로 이러한 재배지는 피하여 식재하는 것이 좋다. 그렇지 못할 경우에는 객토를 하거나 깊게 갈아엎은 후에 식재하여야 한다. 무화과나무를 식재한 후 병해충 발생으로 생육이 나쁜 경우에는 뽑아 버리고 다시 심는 것이 아니라 재배지를 바꾸어야 한다. 노목원은 폐원하고 5년 이상이 지난 후에 깊이갈이를 하여 식재하는 것이 안전하다.

3 개원 준비

무화과나무는 앞에서 언급한 바와 같이 내수성이 약하고 수분 요구량이 많다. 따라서 무화과 과수원을 시작하려면 배수가 나쁜 토양에서는 암거 배수구를 설치하여 뿌리가 깊게 들어갈 수 있도록 만들어 주고, 관수시설을 설치하여야 한다. 또한 과실이 부드럽기 때문에 수확하고 운반할 때 주의해야 한다. 과수원 내에 길을 만들어 과수원에서 선과장이 있는 곳까지 진동을 최소화할 수 있도록 정비하는 것이 좋다.

전 작물이 있었던 곳에서 개원을 시작할 때에는 병해충(토양선충, 균핵병 등)에 감염되었는지를 확인하고 사전 방제를 실시한다.

개원할 토양에는 석회나 고토석회를 토양개량제로 사용한다. 10a당 200kg 정도의 토양개량제와 퇴비를 전면에 뿌리고 깊이갈이를 한 후에 경운을 실시하고 정지작업을 한다.

가. 깊이갈이(유효 토층 확대)

무화과 과수원은 일단 정식을 하고나면 나중에는 대형기계를 이용한 작업을 할 수 없다. 소형 관리기조차도 단근을 위한 경운을 할 수 없을 정도로 수관이 형성되기 때문이다.

과수 중 뿌리의 산소 요구도가 가장 높은 나무이므로 정식하기 전에 깊이갈이를 실시한다. 이는 유효 토층을 확보할 필요가 있는 토양에 통기성을 좋게 해주어 수세를 오랫동안 유지하는 데 용이하다.

개원 시 토목용 대형 굴삭기를 이용하여 깊이갈이를 하는데 투자액이 적지 않으나 효과적인 방법이다.

어린 나무는 생육이 왕성하기 때문에 지력 상태에 따라 간벌을 실시하거나 수형의 구성을 고려하여 적정한 세력을 유지할 수 있도록 한다. 유목의 적심은 15~16마디에서 실시하지만 수확가능 한계 시기에 도달하지 않았다면 25~26마디에서 적심하는 것도 고려해볼 만하다. 결과지 수를 확보한 후의 수세를 생각해보면 깊이갈이에 의한 유효토층을 확보하는 것이 경제적이라는 것을 알 수 있다.

나. 배수대책

무화과나무의 재배면적을 좌우하는 제한 요인으로 수확, 선과, 출하 등의 수확기 노동력이 있다.

수확작업을 용이하게 하는 운반장치 등이 있다면 1인당 20a의 재배가 가능하다. 수확작업 운반장치는 무화과 재배지에서 이랑 사이의 통로를 이용하기 때문에 이랑 사이에 물이 고이지 않도록 도랑을 파고 배수가 잘 되도록 하여야 한다.

4 나무심기

가. 묘목 선택

　묘목을 선택할 경우에는 품종이 맞는지, 지상부의 생육이 충실한지, 병해충에 감염되어 있지 않은지, 뿌리의 발달이 좋은지 등에 주의한다.
　뿌리혹선충이 감염된 묘목을 식재하면 방제하지 않는 한 계속해서 나무의 자람이 나쁘고 과일이 작으며 품질 또한 나빠진다. 그리고 충실하게 자라지 못한 묘목은 식재 후 동해를 받거나 말라 죽기 쉽다.
　묘목을 구입할 때 건강하다고 생각되어도 껍질에 상처를 내보았을 때 유백색의 수액이 나오지 않으면 건강한 묘목이 아니다.

나. 나무 심는 시기

　묘목은 가을과 봄에 식재한다. 다른 과수보다 뿌리의 발생 시기가 더디기 때문에 가을이나 봄에 식재하는 것에 큰 차이는 없다. 추운 지방에서는 겨울철 동해, 관수의 어려움, 건조피해 방지를 위해 3월 중순경에 심는 것이 좋다. 따뜻한 지방에서는 가을에 심는 것이 이듬해 생장에 도움이 되어 좋지만 위와 같은 겨울나기의 어려움을 고려한다면 이른 봄에 식재하는 것도 고려해볼 만하다.

다. 재식거리

　반교목성 낙엽과수인 무화과나무는 토양 조건이 좋은 경우 수관이 넓고 경제적인 재배기간이 길다. 따라서 품종과 토질, 유효토층, 배수 정도에 따라 수형과 정지법이 다르므로 재식거리도 달라야 한다.

수세가 강한 '봉래시'는 10a당 재식주수가 적고, 수세가 중간 정도인 '승정 도우핀'은 많은 주수가 필요하다.

[표 3-3] 10a당 소요 주수 조견표 (영암군농업기술센터, 2001)

심는거리(m) (가로×세로)	넓게 심기		베게 심기		일문자 심기	
	6×5	5×5	4×3	3.6×2.7	2.4×4	2×4
주수	33	40	83	102	100	125

※ 10a당 재식거리에 따른 주수 계산 방법 : 1,000m^2÷(가로m×세로m)

무화과나무는 결실 연령에 도달하는 기간이 짧다. 식재한 후 2~3년이면 수확이 가능하다. 그러므로 식재 주수가 적으면 어린 나무 시기에는 수량이 적으므로 기본 주수보다 2배 이상 밀식하여 초기 수량을 높이는 것이 경영상 유리하다. 그 후 나무의 생육이 진행됨에 따라 간벌한다.

밀식 상태가 지속되면 결과 부위가 높아져 수확작업의 능률이 저하된다. 또 과수원 내부에 통풍과 채광이 나빠져 역병과 흑색썩음병 등의 발생이 심해지며 착색불량 과일이 발생해 수량이 적어지고 품질이 저하된다.

라. 심는 방법

심는 방법은 다른 과수와 동일하다. 다만 [그림 3-1]과 같이 낮게 심는 것이 원칙이다. 식재 깊이는 30cm 정도면 뿌리가 충분히 묻힌다.

심긴 묘목의 뿌리가 건조하지 않도록 주의하고 묘목을 캐면서 상처받은 부위는 잘라내고 심는다. 심은 후 복합비료를 묘목 주위에 300g 정도 둥그렇게 뿌리고 흙으로 덮어준 다음 가볍게 밟아 준다.

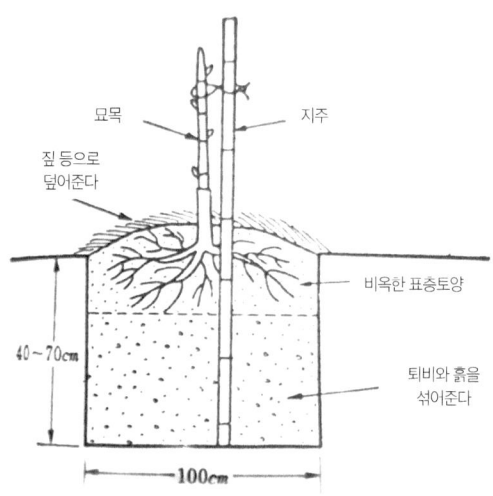

[그림 3-1] 나무 심는 방법 (農業技術大系, 1983)

심은 후에는 묘목을 지상 50cm 정도 위에서 자른 후에 지주를 설치하고 묶어주어 바람에 묘목이 흔들리지 않도록 한다.

마. 식재 후 관리

식재를 마친 다음에는 짚이나 흑색 비닐 등으로 덮어주어 토양의 건조를 방지하고 관수와 제초작업을 행한다.

전정을 하고 나면 원줄기에 여러 개의 새순이 발생한다. 이 중 주지로 사용할 새순을 남기고 전부 조기에 제거한다. 남아 있는 새순은 주지로 이용한다. 주지와 주지 사이에는 15~25cm의 거리를 두어 한 방향으로 모이지 않도록 주의하고 과수가 자라는 방향을 생각해서 배치한다. 주지는 지주를 설치하여 넘어지지 않도록 고정해 주어야 새순이 잘 자란다.

새순의 자람 상태에 따라 웃거름을 주는데 7월 하순부터 8월 상순경에는 신장이 정지되도록 관리해야 한다. 신장이 가을까지 계속되거나 곁순이 발생하는 상태가 지속되면 가지의 충실도가 나빠져 겨울철 동해를 받기가 쉽다.

5 개식

가. 연작지

무화과나무는 연작장해가 심하다. 무화과나무가 재배되었던 토양에 다시 무화과나무를 식재하면 새순의 신장과 뿌리의 발달이 나빠지고 잎이 엷어져 조기에 낙엽을 비롯해 나무의 생육이 현저히 저하된다. 무화과나무의 가지와 잎 그리고 뿌리는 토양에 있는 수용성 유해물질에 의하여 생육이 억제된다.

이는 이전에 재배되었던 무화과의 뿌리가 분해되면서 어떤 유해물질이 생성되었거나 토양선충 등이 새롭게 식재된 나무의 뿌리에 기생하여 발생하는 것으로 보인다. 따라서 개원이나 개식할 때 연작장해 현상에 대하여 각별한 주의가 필요하다.

나. 개식 시 주의점

무화과나무는 연작장해가 나타나기 때문에 연작을 하지 않는 것이 바람직하다. 부득이하게 연작을 하게 되면 오래된 뿌리를 완전히 제거하고 토양소독과 토양선충 방제를 필히 실시해야 한다. 새로운 토양을 객토하는 등의 대책도 필요하다.

4장
정지·전정 및 수형

① 정지·전정의 목적

 과수는 자연 상태로 방임하여도 과실을 생산할 수 있다. 하지만 수량과 품질, 해거리, 작업능률 등을 고려하면 과수별로 생장특성에 적합한 정지 및 전정을 실시할 필요가 있다.
 정지(Training)는 수관을 구성하는 원줄기, 원가지 등 나무의 골격이 되는 가지를 계획적으로 구성하고 유지하기 위하여 유인하거나 절단하는 것을 말한다. 전정(Pruning)은 곁가지, 결과모지, 열매가지 등과 같이 직접 과실을 생산하는 데 관계되는 가지를 잘라주는 것이다.

② 결과습성에 따른 전정

가. 결과습성

 무화과는 봄에 발아하여 신장한 새순의 각 엽액(마디, 절)의 기부에서부터 선단을 향하여 순차적으로 화아분화(착과)해 나간다. 이 꽃눈 분화는 일정한 온도조건에서 새순의 신장이 지속되는 한 계속된다.

과실은 새순의 아랫마디에서 조기에 착과된 것부터 성숙한다. 대략 8월 중순부터 서리가 내리기 전까지 순차적으로 성숙하여 수확하는데 이 과일을 추과(제2기과)라고 한다. 새순의 위쪽 마디에 늦게 착과된 열매는 저온이 되면 성숙하지 않은 채 시들고 이후 낙과한다. 그렇지만 선단부의 어린눈 상태에 있는 열매는 겨울철 저온 조건에서 죽지 않고 월동한다. 이후 이듬해 봄 새순의 발아 신장과 함께 성숙하여 6월부터 7월 사이에 수확하게 되는데, 이 과일을 하과(제1기과)라고 한다.

이렇듯 무화과의 추과는 당해년도 가지에서, 하과는 전년도 가지에서 착과한 것이다. 따라서 하과와 추과를 동시에 생산하는 경우와 추과만을 생산하는 경우 전정방법이 다르다.

무화과는 네 가지의 기본형으로 분류한다. 그중 산페드로계에 속하는 품종('비오레도우핀', '킹', '산페드로화이트' 등)의 하과는 단위결실하여 새순발아 신장과 함께 비대하는데, 5월 중순경까지 대부분의 과일이 생리적으로 낙과된다. 그러나 최근 지베렐린 처리에 의하여 하과를 안정적으로 생산하는 것이 가능하게 되어 하·추과 겸용종으로 이용되고 있다. 한편 하과는 생산시기가 장마기에 해당하여 부패되기 쉽고 생산량이 적어 보통형 품종의 추과 수확을 중심으로 재배하는 체계가 일반적이다.

나. 하과 생산을 위한 전정

하과는 전년도의 가지 중 절간이 짧고 충실한 가지의 위쪽 부분 여러 마디에서 착과된다. 연약하게 자랐거나 짧은 가지, 전년도에 추과를 수확한 마디에서는 착과되지 않는다. 따라서 솎음전정을 주로 하고, 충실한 전년도 가지의 선단부는 전정하지 않는다.

다. 추과 생산을 위한 전정

추과는 당해년도 가지에서 발생하는 새순의 각 마디에 착과하는데 일정한 수의 새순이 발생하도록 전정한다. 전년도 가지(결과모지)의 세력에 알맞은 전정을 행하여야 하며, 결과모지가 밀생되어 있으면 솎음전정을 병행하여 전정한다.

정지 방법은 전정 방법과 약간 다르다. 수형이 완성된 후 일문자형이나 X자형 정지는 결과모지의 배열이 완성되었으므로 결과모지 전정만 실시한다. 반면 배상형이나 개심형의 결과모지 배열은 입체적이므로 일정한 결과지 간격을 유지하기 위하여, 밀생된 가지를 적정하게 솎아내는 정지를 실시하여야 한다.

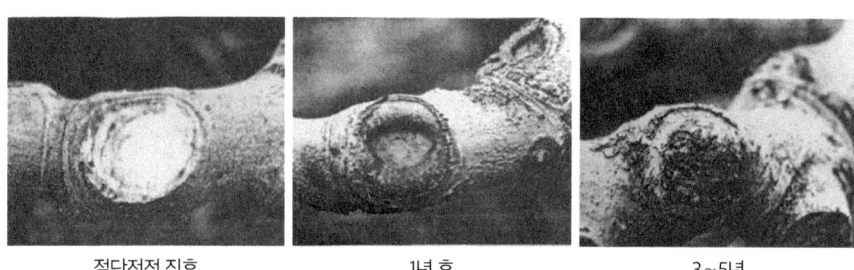

절단전정 직후　　　1년 후　　　3~5년

[그림 4-1] 전정 후 절단부위 변화

라. 하과와 추과 생산을 위한 전정

하과와 추과를 동시에 생산하고자 할 경우에는 솎음전정과 일반전정을 동시에 하여야 한다.

개심자연형으로 재배하는 '봉래시'의 경우 솎음전정 위주로 전정하면 하과와 추과를 동시에 생산할 수 있다. 이때 하과는 추과의 10~20% 수량을 얻을 수 있으나, 하과를 많이 수확할수록 추과의 비대가 나빠진다. 따라서 추과 생산을 목적으로 재배할 경우 하과를 적과하거나 추과만 발생하도록 전정을 실시하여 하과가 착과되지 않도록 할 필요가 있다.

[표 4-1] 하과 착과량이 추과 수량에 미치는 영향 (福岡農試豊前, 1986~1988)

심는거리(m) (가로×세로)	결과모지 1본당			과중	
	하과 수량(kg)	추과 수(개)	추과 수량(kg)	하과(g)	추과(g)
2개 이상	0.31	14.3	1.15	114	80
1.5~2	0.16	13.8	1.18	104	86
1.5 이하	0.11	9.3	0.81	97	87
무착과	-	11.8	1.10	-	93

3 새순 발생의 특성과 전정

가. 정부우세성

무화과는 정부우세성 과수이다. 전년도 가지(결과모지) 위쪽의 눈은 액아가 비교적 크다. 정아는 액아보다 1주일 정도 빨리 발아한다. 품종별로 차이가 있지만 정아가 발아하여 자라기 시작하면 액아의 발아가 억제되어 새순 발생이 적어진다. 액아에서 발생하는 새순은 정아에서 발생하는 싹과 비교하면 짧고 가늘어 좋은 결과지를 얻기 어렵다.

이러한 경향은 도장하여 직립인 가지에서 더욱 강하게 나타난다. 결과모지를 전정하지 않으면 결과 부위가 점점 높아져 수관 내부에 착과가 이루어지지 않은 부분이 생긴다. 그렇기 때문에 절단전정이 필요하다.

정아

잎눈과 꽃눈이 동시발생

액아

[그림 4-2] 눈의 종류와 액아

그러나 품종에 따라 절단하는 정도가 강하면 새순이 웃자라고 착과 수가 적어지며 성숙기 지연으로 품질이 불량하게 될 수도 있다. 이러한 성장을 하는 품종은 약하게 전정을 하거나, 솎음전정을 하여야 한다. 또한 수세가 강한 품종은 가지를 수평으로 유인하여 새순의 개수를 확보하고 열매 맺은 위치가 일정한 높이가 되도록 하여야 한다.

나. 품종 특성과 전정

'승정도우핀'은 전년도 가지를 일문자형으로 강하게 전정하여야 좋은 결과지를 얻을 수 있는 품종이다. 반대로 정아를 남겨두는 전정은 좋지 않다.

'봉래시'는 강한 절단전정을 하면 새순이 웃자라고 숙기가 지연되며 품질이 나빠지기 쉽다. 이러한 경향은 어린 나무에서 잘 나타난다. 반면 정아에서 발생하는 새순은 발아가 빠르며, 적당한 결과지로서 숙기가 빠르고 품질도 양호하다. 그렇기 때문에 솎음전정 위주로 행한다.

'킹' 등 하과 전용 품종은 솎음전정으로 하과가 착과되도록 하고 절단전정은 수형조성 수단으로 행해야 한다.

④ 정지에 있어서 주의할 점

무화과나무의 정지에 있어서 원가지 수, 원가지 간 거리, 분지각도, 간장 등은 수세와 재배 관리에 많은 영향을 미친다.

가. 원가지 수

원가지가 너무 많으면 덧원가지 및 곁가지가 겹쳐서 햇빛의 투과가 나쁘고 탄소동화작용을 하지 못하는 비율이 높아져 동화물질의 이용에도 불합리하다. 개심형이나 개심자연형의 경우 3개, 주간형 또는 변칙주간형의 경우에는 4~5개가 적당하다.

나. 분지각도

원줄기에 대한 원가지의 분지각도는 45° 정도가 좋다. 분지각도가 좁으면 원줄기와 원가지 사이에 수피가 끼어 목질부의 결합이 약해져 쉽게 찢어진다. 반대로 분지각도가 너무 넓으면 과실 무게 때문에 원가지가 아래로 처져 가지의 세력이 약해지고 관리도 불편하다.

다. 원줄기 높이

노지에서 무화과를 재배할 원줄기의 높이가 낮으면 강우 등에 의하여 흙이 나무에 튀어 올라 토양에서 잠복하고 있는 역병 등이 전염될 수 있다. 따라서 무화과나무의 원줄기 높이는 50cm 내외로 유지해야 한다.

 5 전정법

가. 절단전정과 솎음전정

절단전정은 가지의 중간이나 기부 쪽을 절단하여 튼튼한 나무의 골격을 만들거나, 인접한 공간에 새로운 가지를 여러 개 발생시켜 배치하는 것 또는 가지가 적당하지 못한 방향으로 자라는 경우 가지를 중간에서 절단해 주는 것을 말한다. 이 방법은 유목기 무화과나무의 수형 구성에 있어 중요한 요소이다. 수형구성이 완료되면 기부 쪽을 절단하여 결과지를 얻는 것이 일반적이다.

솎음전정은 불필요한 가지를 기부에서 완전히 절단해 제거하는 것을 말한다. 절단전정을 실시한 후에 새순이 다량 발생하면 결과지로 이용할 새순을 제외하고 제거하여 기른 후 8월 초순경 순지르기를 실시한다. 절단전정과 솎음전정은 무화과나무의 결과습성을 고려하여 실시한다.

나. 단초전정과 장초전정

단초전정과 장초전정은 절단전정으로 가지의 길이에 따라 구분하는 것이다. 자를 때 남기는 마디 수는 단초전정 1~3개, 중초전정 4~6개, 장초전정 7~10개이다. 무화과나무 묘목을 재식하고 원하는 수형과 가지가 적절하게 배치되는 동안 중초와 장초전정을 실시하고, 이후에는 단초전정을 주로 실시한다. 이는 수형과 품종, 수세, 비배관리, 환경요인 등에 따라 적절히 조절하여 결정한다.

다. 갱신전정

갱신전정은 가지가 오래되어 생산력이 감소될 때, 세력이 강한 새로운 가지를 이용하기 위하여 묵은 가지를 제거하는 것을 말한다. 정부우세 현상으로 결과모지가 원줄기로부터 멀어져 착과되는 과실의 품질이 불량할 때에도 이용한다.

라. 가지 자르는 요령

가지를 자를 때에는 예리한 전정가위를 사용하여야 한다. 그러지 않으면 자른 면의 유합(癒合)이 늦어지고 불량하다. 가장 위에 남기는 눈은 반대쪽으로 비스듬히 자른다.

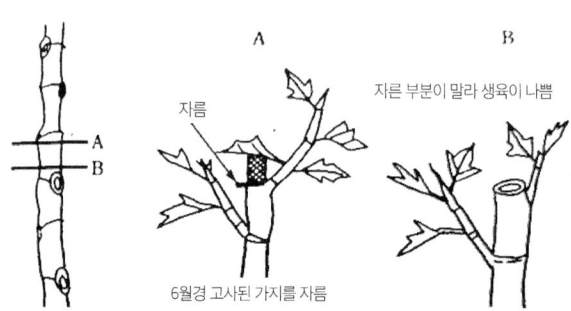

(A) 절간에 있는 눈의 상위 마디 부위 전정   (B) 눈의 바로 위쪽 전정

[그림 4-3] 가지의 절단방법 (農業技術大系, 1983)

6 전정 시기

전정은 시기에 따라 늦가을 낙엽 이후부터 봄 발아 전까지의 휴면기 중에 실시하는 동계전정과 생육기간 중에 하는 하계전정이 있다.

가. 동계전정

동계전정은 낙엽이 진 후에 전정하는 것이다. 가지가 잘 보이고 다른 작업이 없는 시기이다. 동계전정은 표피가 벗겨질 염려가 적고 하계전정보다는 나무의 생장을 덜 억제하는 이점이 있다.

하지만 절단면의 치유속도는 온도가 낮을수록 늦으므로 혹한기를 지나 전정하는 것이 좋다.

나. 하계전정

하계전정은 동계전정의 보조수단으로 생육기 중 수형의 구성에 부적당한 위치에서 발생한 가지나 웃자란 가지를 제거하는 전정이다. 하계전정에는 순지르기, 절단전정, 솎음전정이 있다. 주된 이점으로 세력 조절, 통풍, 광선 투사, 화아분화 촉진, 착생한 과실의 비대 및 착색 증진 효과 등이 있다.

잎의 광합성은 동화 양분을 생성하고 이를 뿌리부터 가지, 잎까지 공급한다. 새순의 생육이 과번무하여 왕성하게 자라면 과실의 비대가 더뎌지고 성숙이 지연되며, 착과부의 일조량이 저하되어 착색이 불량해진다. 또 잎에 의한 과실의 상처가 많아지기도 한다. 새순 신장의 조절은 비배관리, 물 관리, 전정 등에 의하여 이루어진다. 그러므로 하계전정은 상품성 및 과실의 생산성 향상을 위하여 어느 정도 필요하다.

순지르기(적심)　　　　　적심 후 곁순발생

[그림 4-4] 적심과 곁순발생

과실의 착색은 일반적으로 수확 10~15일 전부터 들어오는 광량의 영향을 받는다. 따라서 7월 하순에서 8월 상순에 연내 수확할 수 있는 과일 수가 초과되면 예상 과일을 남기고 적심해준다. 적심 이후에는 발생하는 곁순은 따 준다.

여름전정과 적심을 실시하면 급격한 광 환경의 변화로 위쪽에 달린 2~3개의 어린 과일이 적색으로 변할 수 있다. 이럴 때에는 제일 위쪽 마디에서 발생하는 곁순을 1개 정도 남겨두고 이 곁순에 2마디 정도의 여분을 주어 다시 적심해야 어린 과일의 변색을 방지할 수 있다. 어린 과일이 붉게 변할 경우 과일의 비대가 약간 저하될 수는 있으나 성숙하면서 어느 정도 회복이 된다.

하계전정이나 적심이 늦어질 경우 결과지의 선단부 과실이 영향을 받아 과실이 적어질 수 있다.

7 전정 이외의 기술

가. 순 고르기

순 고르기는 전정한 가지에서 다수의 눈이 발생되면 열매가지가 되는 필요한 수의 순만 남기고 나머지 순을 따주는 것을 말한다.

무화과나무는 봄이 되면 발아한다. 전정할 때 전년도 결과지의 기부로부터 1~2개의 마디를 남겨두고 짧게 전정하였다 할지라도 발아가 시작되면 마디가 없는 여러 곳에서 잠자는 눈이 발생되어 밀생한다. 따라서 결과모지로 활용할 일정한 순만 남겨두고 제거한다. 중초나 장초전정을 하면 맹아(잠자는 눈)에서 발아되지 않지만 전정하는 마디가 높아질수록 열매 맺는 마디가 높아지고, 수년이 지나면 지속적으로 높아져 수확작업이 어려워진다.

순을 고르는 시기는 빠를수록 좋으며, 발아 후 전엽이 되기 전에 순을 고르도록 한다. 발아 초기의 너무 어린 순을 고르다 보면 열매가지로 남길 새순까지 다칠 우려가 있기 때문에 보통 1~2개의 잎이 펴지면 순 고르기를 실시한다. 이 시기가 되면 전정한 가지에서 잘 자란 순, 보통 순, 생육이 좋지 않은 순 등 다양한 새순의 생육을 볼 수 있다.

새순은 전체 나무에서 중간 정도인 것을 남기고 따주어야 한다. 생육이 좋은 것을 남겨두면 영양분 쏠림 현상이 나타나 생육이 좋지 않은 가지에서는 착과가 잘 되지 않는다.

나. 적심(摘心, 순지르기)

적심을 실시하는 목적은 첫째, 나무의 선단을 제거하여 새순 신장을 강제적으로 정지시켜 과실의 양분전류를 촉진시키는 것이다. 둘째, 과실의 착과 수를 제한한다. 10월 하순까지 수확할 수 있는 노지재배의 보통 수확은 13~15개이고 성숙촉진 처리 재배는 16~18과 정도인데, 이보다 많은 과실이 착과되는 것을 방지하기 위함이다. 셋째, 불필요한 잎을 제거하여 수관 내의 햇빛 받는 자세를 향상시켜 품질을 좋게 하기 위함이다.

일반적으로 잎이 16~17매가 나와 있는 시기에 잎이 펴지지 않은 부분을 적심한다. 즉 열매가 17개 정도 착과된 시기에 실시한다. 다만 기후온난화 등의 기상상황과 시설재배 같은 재배유형을 감안하여 가감할 수 있는데, 전남 남해안 지역에서는 7월 하순부터 8월 중순경이 이에 해당한다. 무화과는 대체로 서리가 내리면 낙엽이 되어 수확이 완료되므로 서리 내리는 날을 예상하여 서리가 내리기 90일 전후로 적심을 실시하는 것이 일반적이다.

적심을 하고 나면 잘린 가지의 아랫마디에서 곁순이 발생한다. 보통 3~4마디에서 발생하고 많으면 5마디 이상에서도 발생한다. 곁순이 발생하면 이를 제거하는 노력이 더 필요하다.

적심의 시기가 빠르면 수세가 강해지고 곁순발생이 많아진다. 이럴 경우 곁순을 제거하지 않으면 과실의 착색이 불량해지고, 비대가 지연되는 원인이 되기도 한다. 곁순발생이 많아서 제거하는 노력이 많이 드는 경우에는 적심 시기를 조금 늦추는 것이 좋다.

적심이나 여름전정 후에 발생하는 곁가지는 곧바로 제거하여야 한다. 이때 전정가위로 자르지 말고 발생된 곁가지의 아래쪽을 잡고 연결된 곳을 끊어 주어야 한다. 전정가위로 자르면 수세가 왕성한 나무는 곁가지의 눈에서 다시 새로운 순이 나올 수 있다. 다만 아래쪽에서 발생하는 곁순이 1~2매일 때에는 과실에 크게 나쁜 영향을 주지 않는다.

다. 환상박피(껍질 돌려 벗기기)

환상박피는 세력이 왕성하고 결실이 늦은 경우에 꽃눈의 형성을 증가시키기 위하여 수피를 벗겨 주는 방법이다. 껍질 부분이 제거되면 상부에서 생성된 동화 양분이 아래쪽으로 이동하지 못하므로 꽃눈 분화가 촉진되고, 과실의 발육과 성숙이 촉진된다. 그러나 뿌리 영양공급이 억제될 수 있으므로 지나치게 박피해서는 안 된다. 세력이 약한 가지나 어떤 원인에 의하여 조기에 낙엽이 된 나무에서는 하지 않은 것이 좋다. 또한 환상박피를 하게 되면 그 하부에서 가는 가지가 발생하기 쉬우며 이를 모두 제거해야 한다.

환상박피는 다른 열매가지에서 5개 이상 착과되어도 생육이 왕성하여 착과되지 않은 열매가지에 실시한다. 생육에 따라 박피의 길이를 조정하여 주는데, 줄기 직경의 1~1.5배 정도를 환상박피 하는 것이 좋다.

환상박피 전   환상박피 후

[그림 4-5] 환상박피 전후

라. 단근

동해, 토양 내 과다한 수분, 깊이갈이, 토양 내 서식하고 있는 쥐 등에 의하여 뿌리가 상처를 입거나 이식 작업 중에 단근이 되는 경우도 있지만 인위적으로 뿌리전정을 하기도 한다. 이는 토양 내의 양수분 흡수를 제한하여 지상부의 영양생장을 억제시킴으로써 꽃눈 분화를 촉진시키고 생식생장을 돕는 방법이다.

특별한 시비를 하지 않았어도 무화과나무의 생육이 왕성하여 가지가 굵어지고 잎이 넓으며 착과가 잘 이루어지지 않는 과비상태의 자람을 보이면 단근이 필요하다. 이러한 현상은 무화과나무를 심기 이전 다비성 작물을 다년간 재배하여 토양이 과비상태이거나 원래 토지가 비옥한 토양, 비닐하우스 재배 등에서 많이 나타난다.

단근은 낙엽이 진 후부터 이듬해 1월 사이에 실시한다. 무화과나무의 뿌리는 천근성으로 지하 20cm 내에 80% 이상이 분포한다. 나무의 세력을 고려하여 원줄기로부터 50cm 정도 벗어난 곳에서 수세에 따라 1/4~1/2를 단근한다.

8 수형(나무꼴) 만들기

가. 수형을 만들 때 고려할 내용

우리나라에서는 상업용으로 재배하고 있는 품종은 '승정도우핀', '바나네', '봉래시' 등이다. 이 품종들은 하·추과 겸용종이지만 주로 추과용으로 재배되고, 생산 과일의 97%는 생과로 이용한다.

과실을 추과용으로 재배하고자 할 때 정지와 전정 노력이 필요하다. 이러한 노력으로 매년 착과가 용이해지고 높은 수량을 기대할 수 있다.

수확은 하루 중 고온을 피해서 온도가 낮은 이른 새벽에 매일 해야 한다. 완전히 성숙하지 않은 과일은 품질이 좋지 않고, 완전히 성숙한 과일은 저장성이 나쁘다. 그러므로 적기에 수확하지 않으면 상품가치가 현저히 낮아진다.

품종 고유의 과피색으로 착색하기 위해서는 충분한 채광이 필요하다. 따라서 재배하고자 하는 품종의 특성을 살리면서 수량과 품질, 작업의 용이성 등을 고려하여 수형을 만들어야 한다.

나. 수형의 기본형

무화과나무는 비교적 천근성이고 나무의 무게중심이 높기 때문에 바람에 의해 쉽게 쓰러진다. 또 잎과 어린 과일에 상처를 받기 쉽다.

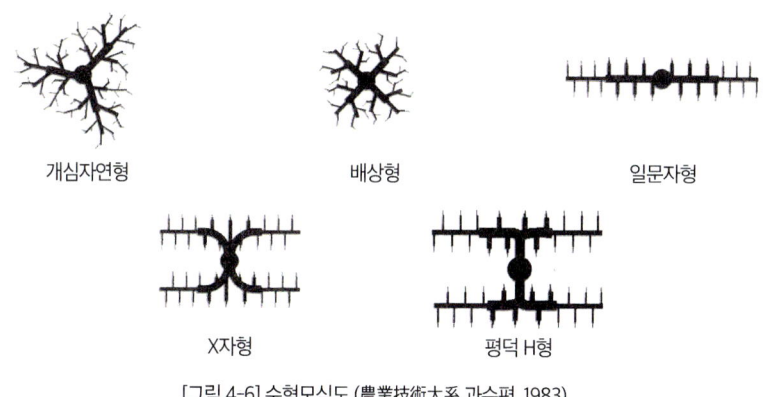

[그림 4-6] 수형모식도 (農業技術大系 과수편, 1983)

[표 4-2] 무화과의 수형

수형	특징	재배상 문제점
준개심형	○ 결과모지가 높음(지상 60~150cm) ○ 수형이 입체적임 ○ 수세에 알맞은 전정 필요 ○ 수관 내부의 통풍, 채광, 과일착색 양호 ○ 하과와 추과 동시생산 전정이 가능함 ○ 수세가 강한 '봉래시'에 적합	○ 수관용적이 큼 ○ 기상재해 취약 ○ 수고가 높고 결과지 교차 　- 수확작업 노력이 많이 요구됨 ○ 10a당 결과지 수 : 4,500개 내외
일문자형 (-자형)	○ 수고가 낮음 ○ 결과모지가 지상 40~50cm 전후 ○ 결과지가 일선으로 정렬됨 ○ 결과지 결속으로 기상재해 경감 ○ 전지·전정 용이 ○ 수고가 낮아 시설재배 용이 ○ 조기에 성원이 됨	○ 결과모지의 배치가 평면적으로, 결과지 간격이 좁으면 수관 내의 채광이 나빠져 아랫마디 과일의 착색 불량과가 발생 ○ 10a당 결과지 수 : 2,500~3,000개
배상형 · X자형	○ 결과지가 일선으로 정렬 ○ 결과지가 낮고 작업이 편리 ○ 결과지 결속으로 기상재해 경감 ○ 수고가 낮아 시설재배 용이 ○ 조기에 성원이 됨	○ 전정 작업 등이 어려움 ○ 기상재해에 취약 - 상처과 발생 ○ 중간 정도 수세의 품종 ○ 10a당 결과지 수 : 3,000~3,500개

　무화과나무의 추과 생산을 위한 전정기술은 특별하지 않다. 일단 전년도 가지를 자르고 자른 가지에서 새순이 발생하면 추과가 착과되기 때문이다. 수형은 지역에 따라 약간씩 다르지만 재배지의 입지조건에 맞는 수형을 구성하는 것이 좋다.

1) 준개심형

① 수형의 특징

　식재간격은 이랑 2.7~3.6m, 주간 3.6m 정도이다. 10a당 75~103주, 원줄기 높이 40cm로, 주지를 3개로 하여 3방향으로 유인·신장시킨 수형이다.

수세가 강하고 가지가 왕성하게 자라는 유목 시기에는 개심자연형으로 키운다. 수관용적이 커지고 결과지가 인접한 결과지와 가까워지는 시기인 4~5년째부터는 결과모지의 1~3마디를 절단하여 수고를 낮게 유지시킨다.

수관용적이 커지고 중앙부가 높아지면 바람에 의하여 과수가 쓰러지고, 잎과 과일에 상처를 입는 경우가 많아진다. 바람이 강한 지역에서는 쓰러짐 방지를 위한 지주가 필요하다.

수형이 입체적이기 때문에 채광상태가 좋아 과실의 착색은 좋지만 관리에 노력이 필요하다. 가지의 생육 강도는 전정 정도에 따라 조절이 가능하다. 수세에 알맞은 전정을 하여 수세가 약해지지 않으면 유목기부터 품질이 좋은 과일을 생산할 수 있다. 수세가 강한 '봉래시' 등에 알맞은 수형이다.

② 수형 만드는 방법

식재한 1년 차에는 묘목을 식재한 후 지상 40~50cm에서 자른다. 이보다 높게 자르면 나무의 높이가 높아지므로 바람에 의하여 쓰러질 수도 있다.

이후에 마디에서 새싹이 나오기 시작하는데 위쪽 3개의 새순만 남기고 아래에서 발생하는 싹은 조기에 제거한다. 남아 있는 3개의 새순이 자라면 세 방향으로 지주를 설치하여 유인한다. 새싹 제거 시기가 늦어지면 상위의 새순만 세력이 왕성해져 가지 간 세력의 차이가 나타날 수 있다. 지엽의 무게로 새순의 가지가 처지면 지주를 원하는 방향으로 설치하여 묶어 유인한다.

낙엽이 지면 3개의 가지를 60cm 정도 남기고 전정한다. 남아 있는 윗마디의 눈을 다음 해 가지로 활용한다.

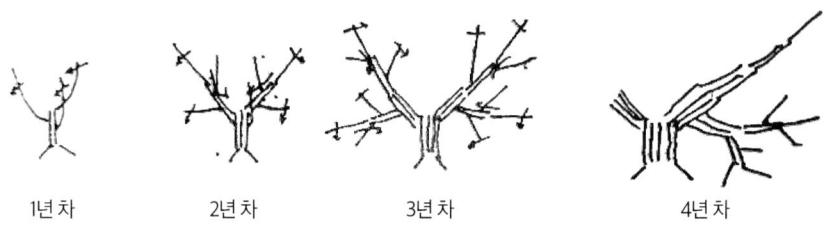

1년차　　　2년차　　　3년차　　　4년차

[그림 4-7] 준개심자연형 유목기의 전지방법 개략도 (高村登, 1989)

2년 차에는 수관 내부에 발생한 새순을 완전히 제거하여 다른 새순의 생장에 방해가 되지 않도록 한다.

수관이 넓어지도록 각 가지에 3~4개의 새순을 남긴다. 이는 주지의 연장지로 이용할 가지이다. 새순은 1년째와 동일하게 유인하는데, 측장으로 신장할 수 있도록 한다. 어떤 새순은 과일이 착과한 후 수확이 가능할 수도 있다.

동계전정은 주지의 연장 가지를 40cm, 기타 가지는 20cm로 절단 전정을 실시한다.

3년 차 새순 관리는 봄부터 가을까지 전년과 동일하며 20~25개의 결과지를 확보해야 한다.

[그림 4-8] 무화과의 다양한 수형

동계전정을 할 때에는 주지의 비스듬한 방향에 아주지를 좌우교호 20~30cm 간격으로 배치한다. 다른 가지는 2~3마디에서 절단 전정을 하여 결과모지로 이용한다. 결과모지의 결과지는 40개 정도 확보한다.

4~5년 차 이후부터는 봄이 되어 2~3매의 잎이 나오면 눈을 솎아내는데, 이때 결과지의 수는 40개 정도이다. 가지의 강도에 따라 발아가 고르지 않을 수 있으므로 2~3회에 걸쳐 솎아내기 작업을 실시한다.

다음 해부터 동계전정은 결과지의 발생위치가 높아지지 않도록 1~3절에서 절단전정을 한다. 결과모지의 절단에서 특히 주의하여야 하며, 결과지가 겹치지 않도록 간격을 조절해야 한다.

2) 일문자(一文字) 수형

① 수형의 특징

재식간격은 이랑 1.8~2.0m, 주간 5~6m(10a 당 84~112주)로 하며 주간의 높이는 40cm 정도이다. 이랑 방향으로 주지 2본을 좌우 수평으로 자라도록 하는데 포도의 T자형과 비슷하게 유인한다.

주지에서 발생하는 새가지는 2~3마디에서 절단전정하여 결과지가 주지 근처에서 발생하도록 한다. 결과모지의 간격은 20~25cm로 하여 양쪽으로 유인한다. 따라서 한쪽에서 보면 결과지 간격이 40~50cm이다. 양쪽에 유인선을 설치하고 45° 각도로 유인하여 수형을 구성한다. 식재 후 3~4년이면 수형이 완성되고 3~4t 정도를 수확할 수 있다.

수고가 낮고 수평이기 때문에 결과모지의 높이가 일정하고, 착과 위치도 낮다. 또한 관리작업을 이랑 사이에서 실시할 수 있어 다른 수형에 비교하면 매우 능률적이다. 특히 숙기촉진을 위한 식용유 처리와 수확작업이 편리하다. 결과지는 유인하는 선에 고정하기 때문에 바람에 의한 상처 과일 발생비율이 낮고 기상재해를 회피할 수 있는 수형이다.

이랑 폭이 좁기 때문에 뿌리의 범위가 다른 수형보다 협소하다. 여름철 용수가 부족할 수 있으므로 수분공급이 좋은 곳에 적합하며 자람을 억제시키는 데 용이하다는 이점이 있어 시설재배에 최적의 수형이기도 하다.

이 수형은 결과모지의 높이가 일정하기 때문에 결과지가 조밀하면 하위절의 채광이 나쁘고 일찍 수확한 과일의 착색이 나빠져 품질저하를 가져올 수 있으므로 결과지 배치에 주의해야 한다.

일문자 수형은 매년 강한 전정을 실시하므로 도장성이 적고 착과가 잘되는 '승정도우핀'이 적합하다. 수세가 강하고 도장성이 있어 착과가 지연되는 '봉래시'는 수량이 적은 정지형 품종으로 적합하지 않다.

② 수형 만드는 방법

식재 1년째에는 묘목을 식재하고 지상 40~50cm 높이에서 잘라 주간으로 육성한다. 주간의 높이는 주지의 높이와 같고, 결과모지의 높이와도 비슷하므로 이랑의 높이는 성목이 된 다음의 제반 작업을 고려해서 결정해야 한다.

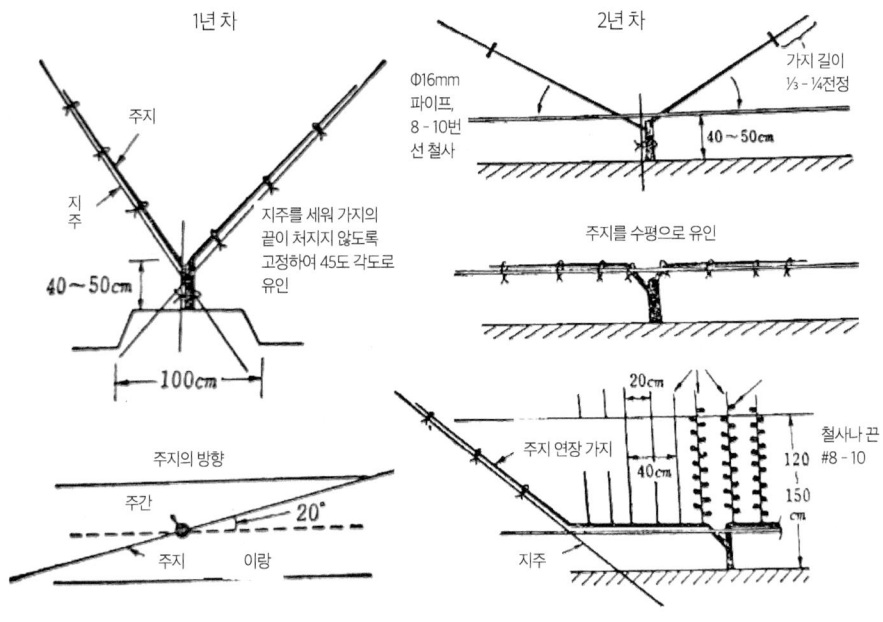

[그림 4-9] 무화과 일문자 수형의 기본 (兵庫県, 1953)

묘목을 심으면 4월 하순경에 발아하여 신장하기 시작한다. 새순이 15cm 정도 자라면 좌·우측에 세력이 좋은 2개의 가지를 남기고 나머지는 제거한다. 2개의 새순은 장래에 주지로 자란다. 2개의 가지 발생각도는 20° 정도가 좋다. 각도가 좁고 이랑 방향으로 자라는 가지는 다음 해 가지를 수평으로 눕히면 주지와 분지 사이의 좁은 부분이 찢어지기 때문에 가지를 비스듬하게 하고 양방향 40~45° 각도로 지주를 설치하여 유인한다. 이 수형은 좌우 세력이 비슷하게 자라도록 하는 데 중점을 두고 관리해야 한다. 세력이 강한 가지는 쓰러지기 쉽고 약한 가지는 그렇지 않다. 가지의 선단부가 아래쪽을 향하게 되면 곁순이 발생한다. 곁순의 충실도에 따라 월동 능력이 달라지며 불량하면 겨울을 나기 어렵다. 안전한 월동을 하여야 이듬해 가지를 얻는 데 문제가 없다.

비료는 8월 말에서 9월 초순경에 생육이 정지되도록 가감하여 준다.

동계전정은 절단전정을 하는데 가지의 색이 갈색에서 녹색으로 변하는 부분을 자른다. 보통 가지 전체 길이의 1/3~1/4을 잘라낸다. 남겨진 갈색부분의 가지는 충실하게 자라 발아도 잘 된다. 잘라진 주지는 지면에 수평으로 뉘어 고정한다. 새순이 나올 때 위쪽이나 아래쪽에서 발생하는 새순은 제거하고 측면에서 발생하는 순을 결과지로 이용한다. 가지 끝에서 발생하는 새순은 위쪽이나 아래쪽에서 나오는 눈을 이용하여 다음 해 주지로 이용한다.

2년 차에는 고랑의 중앙에서 지상으로 40~50cm의 높이에 직경 16mm 전후의 파이프나 철사 8~10번선을 설치하고 주지를 유인선이나 파이프에 유인하여 결속한다. 수액이 이동하기 시작한 4월 중순경이 가지가 부드러워져 유인결속 시 작업이 용이하다. 주지와 분지 사이에서 수평으로 유인작업을 하다보면 분지 기부가 찢어지는 경우도 있으므로 이 부위를 묶어주어 부러지지 않게 한 후 작업해야 한다. 유인을 마치고 상당한 시간이 지나면 묶은 것을 풀어준다.

[그림 4-10] 일문자 수형의 결과모지 배치 (영암군농업기술센터, 2001)

주지의 선단부에서 먼저 발아가 시작되고 순서대로 기부까지 발아가 된다. 이 기간이 약 2주 정도인데 불필요한 주지의 아래쪽이나 위쪽에 발생하는 새순은 조기에 제거하여 준다.

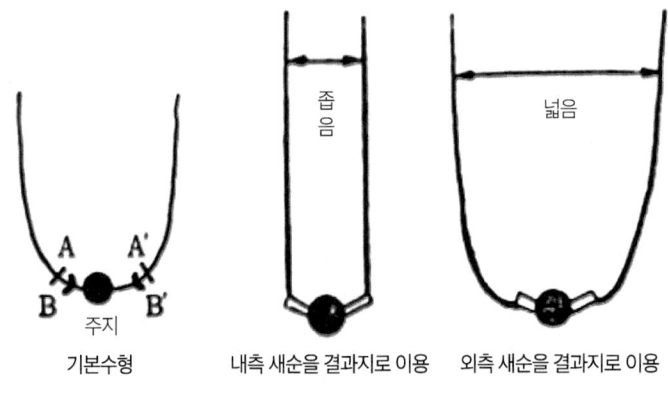

[그림 4-11] 일문자 수형 정지에서 새순 발생 위치별 결과지 폭 (農業技術大系, 1983)

주지의 선단부에 신장하는 새순은 다음 해에 수평으로 유인하여 주지로 사용할 수 있도록 45° 각도로 비스듬하게 지주를 설치하여 기른다. 주지의 양쪽 측면에서 자라는 새순을 결과지로 사용하는데 20cm 간격으로 교호배치 (주지의 측면에서 보면 40cm 간격) 해주고 나머지 새순은 제거한다. 결과지는 지상 120~150cm에서 유인선을 설치하고 유인한다.

동계전정의 경우 주지 연장가지는 전년과 동일하게, 가지가 충실한 부위까지 자른 후 이미 설치된 주지 유인선에 유인하고 결속해준다. 다른 가지는 기부에서 2마디 정도를 남기고 전정하여 발생하는 새순을 결과모지로 활용한다. 결과모지 전정은 안쪽과 위쪽에 있는 눈은 잘라버리는 방법이다. 안쪽과 위쪽에 위치한 눈을 남기면 결과지 간 간격이 좁아져 채광이 저하되고 품질이 나빠지므로 바깥쪽에 있는 눈을 남긴다.

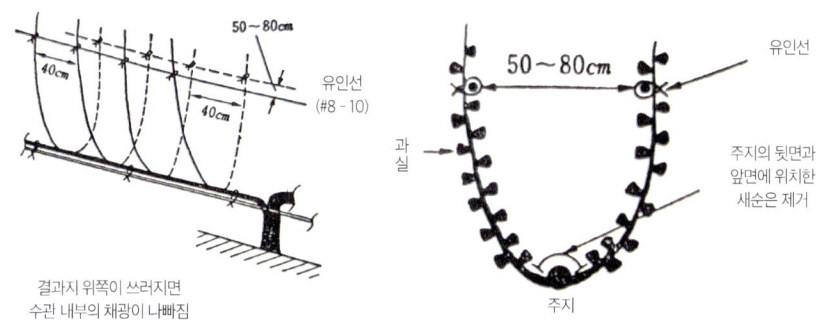

[그림 4-12] 일문자 수형 전정 및 유인 (農業技術大系, 1983)

3) 배상형

① 수형의 특징

재식거리는 이랑 넓이 2.7m, 주간 3.6m로 10a당 103주가 소요된다. 원줄기의 높이는 40cm 정도이고, 성목이 되면 수형의 결과 부위가 높고 결과지가 밀생되어 있는 모양이다. 1주당 결과지 수는 약 30여 개 정도이다.

결과모지의 높이가 1.2~1.5m 정도이고 결과지가 밀생되어 과실의 품질저하를 초래하므로 결과모지의 배치와 발아 후 눈 솎음작업에 유의하여야 한다.

유목기부터 강하게 전정하는 것이 반복되면 근권이 제한되므로 수분이 충분한 곳이 적합하다. 수세가 강한 품종은 토심이 깊어 도장하는 조건에서는 숙기가 지연되며 과실이 작고 착색이 불량해진다.

② 수형 만드는 방법

재식 1년 차에는 전정을 준개심형과 동일하게 실시하여 3개의 주지를 발생시킨다. 주지는 50~60cm에서 전정하여 2~3개의 가지를 만들어 20cm 정도에서 전정한다. 이듬해에도 같은 방법으로 전정한다. 주지에서 분지된 가지가 옆으로 퍼지도록 하여야 한다.

4~5년 차에는 결과지의 선단이 인접에 있는 결과지와 교차한다. 따라서 수고를 낮게 유지하도록 결과지의 1~2마디에서 전정하여야 한다. 전정한 후 발아하는 방향도 유의해야 하며 1주당 결과지 수를 30본 정도로 제한하는 전정을 실시한다.

4) X자형 수형

① 수형의 특징

재식간격은 이랑 2.7m, 주간 2.0~3.0m 내외로 주지의 높이는 50cm 정도이고 4방향으로 유인하여 결과모지를 50cm 간격으로 배치한다. 매년 1~2마디에서 절단전정을 반복하여 결과지 발생 위치가 원줄기의 높이에 가깝게 위치하도록 한다.

일문자 수형과 같이 결과모지의 높이가 수평이 되도록 하여 결과지에 비슷한 위치에 착과하도록 한다. 각 결과지가 곧게 자라도록 지주를 설치하여 기상재해로부터 상처가 생길 과일을 최소화함으로써 과실의 품질을 좋게 한다. 결과지 수가 많아 밀생하게 되면 잎이 많아진다. 이 경우 하위절의 과실은 일조량 부족으로 착색이 나빠져 품질이 저하된다. 1주당 결과지 수를 적정하게 확보하여 잎이 17~18개가 되면 적심하여 일조를 좋게 해준다.

이 수형에 적합한 품종은 일문자 수형의 품종과 같다. 매년 강한 전정을 하여 새순이 웃자라므로 신장을 억제시켜 아랫마디에 착과가 되도록 한다.

② 수형 만드는 방법

식재 1년째에는 묘목을 지상 50cm의 높이에서 절단하여 주간으로 이용한다. 주간의 높이와 결과모지의 높이가 같도록 하여 성목이 되어도 작업이 편리하도록 한다.

5장
꽃눈 분화와 과실의 생장 및 성숙

 **휴면과 발아**

가. 휴면의 뜻

　휴면이란 작물의 어느 기관 또는 전부가 생명활동을 최소한으로 유지함으로써 대내외 불리한 조건에서 살아남을 수 있는 특유의 생명유지 현상이다.
　낙엽과수의 눈이 겨울 동안에도 계속 성장하고 있다면 생장 중인 조직은 내한성이 가장 약하다는 일반성에 준하여 한해(寒害)를 받는다. 하지만 일시적으로 눈이 생장을 정지함으로써 한해를 자연적으로 회피할 수 있게 된다.
　휴면은 자발휴면과 타발휴면으로 구분한다. 전자는 종자나 눈의 내적 요인에 의하여 발아하지 않는 것이다. 후자는 내적 요인이 모두 만족스럽다고 하더라도 외적 요인에 의하여 발아하지 못하는 것으로, 발아에 필요한 환경요인 중 어느 하나라도 만족스럽지 못하다면 그 원인이 된다.

발아가 된 후 생장이 지연되면 결과모지 4개의 생장이 불규칙하게 되므로 특히 최선단부에서 강하게 생장하고 있는 새순을 조기에 제거한다. 결과모지에서 새순은 원줄기와의 발생각도가 넓게 네 방향(X자)에서 신장하도록 한다. 또 선단이 처지지 않도록 지주를 세우고 끝을 조금 높게 고정한다.

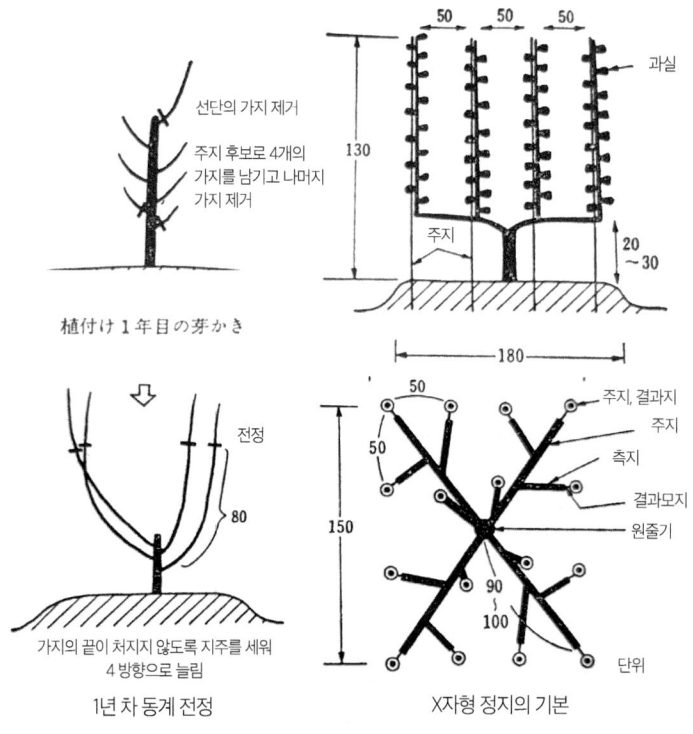

[그림 4-13] X자형 정지의 기본도 (安城農改, 1976)

동계전정은 결과모지의 80cm 높이 정도의 위치에서 절단전정한다. 이후에 발생하는 새순의 무게에 의하여 가지가 처질 우려가 있으므로 튼튼한 기둥을 세워 끝을 조금 높게 고정한다.

2년 차에는 네 개의 가지를 결과모지로 이용한다. 일문자 수형과 같이 가지의 아래쪽이나 위쪽에 있는 눈을 제거한다. 결과모지의 최선단에 있는 새순은 다음 해 연장지로 활용할 수 있다.

겨울전정은 단초전정을 실시한다. 이는 전정 후 발생한 새순이 결과지가 되기 때문이다. 겨울전정은 결과지 발생 위치가 높아지지 않고, 결과지 간 폭이 협소하지 않도록 전정한다.

나. 휴면의 원인

무화과나무는 낙엽과수이므로 동절기의 저온에서는 생명을 유지하는 최소단위로 존재한다. 즉 가을 노쇠기의 잎이 자연적으로 단일조건을 감지하게 되면 잎에 어떤 물질이 형성된다. 이 물질이 눈으로 이동하여 눈의 외부에 인피를 형성하여 눈을 감싸게 되면 눈은 휴면에 들어간다. 이와 같은 과정은 저온에서 더욱 촉진된다.

휴면이 시작되는 시기에 가지 내의 모든 탄수화물, 특히 전분의 농도가 증가되어 휴면기간 중 최대치를 나타내다가 휴면 완료와 함께 서서히 감소된다. 전분은 포도당으로 분해되어 발아하고, 생장하는 눈에 탄소와 에너지원으로 이용된다. 이와 같은 화합물 변화는 수체 내의 내한성과 관련이 있다.

다. 무화과나무의 휴면과 발아

자발휴면이 완료되기 위해서는 눈이 어느 기간 저온에 노출되어야 하는데, 이것을 저온요구라고 한다. 이 저온요구량은 과수의 종류나 재배지 환경에 따라 차이가 있지만 일반적으로 7.2℃ 이하에서의 시간으로 나타낸다. 과수 종류에 따라 저온요구량은 큰 차이가 있다.

[표 5-1] 과수별 자발휴면 완료를 위한 7.2℃ 이하의 소요시간 (Avery 등, 1947)

구분	소요 저온시간(시간)	조사 장소
사과나무	1,400	캘리포니아
감귤나무	800~1,060	메릴랜드
양앵두나무	1,440	캘리포니아
포도나무	200	메릴랜드
개암나무	1,440	캘리포니아
복숭아나무	1,000	텍사스, 조지아
무화과나무	-	

※ 포도나무는 조사자에 따라 큰 차이(200~3,000시간 이상 등)를 보임

[표 5-1]에서 보는 것와 같이 무화과나무를 조사한 결과 휴면완료를 위한 저온요구량은 찾지 못하였다. 지금까지 무화과 재배 현장에서 살펴본 바에 의하면 무화과나무의 휴면은 특정한 저온요구량이 없다.

다만 저온기간을 지나는 무화과나무라도 여름철 휴면 중에 있는 눈에 강한 전정을 실시하면 발아가 되었다. 따라서 무화과나무의 생육조건만 적정하게 유지된다면 휴면은 염려하지 않아도 된다.

겨울재배를 위하여 생육 중인 가지를 자르고 10여 일이 지나면 휴면 중에 있는 눈에서 발아가 시작되고 꽃눈이 분화된다. 이를 통해 저온에 의해서만이 아니라 전정 등의 처리로도 휴면이 완료되는 것을 알 수 있다.

2 화기 분화와 발아

가. 화서의 분화와 발육과정

무화과나무의 과실은 꽃받침의 내부가 작은 꽃의 집합체로 이루어진 것이 특징이다. 이 집합체의 분화는 화서분화라고 부르는 것이 타당하다(平井, 1966). 그 분화기의 분화기간은 다른 과수의 화아분화와 달리하고 있다.

무화과나무의 새순이 신장함에 따라 기부의 1마디에서 상위 마디로 순차적으로 싹이 발생하여 분화한다. 각 마디에 형성된 눈은 인편으로 둘러싸여 있고 그 안에 보통 2개의 생장 원추체가 포함되어 있다. 그중 1개는 잎눈이 되고 다른 하나는 꽃눈으로 분화된다. 그러나 기부의 1~3마디의 눈은 활동을 하지 않고 원추체 상태에서 성장을 멈추는 경우가 많다. 따라서 1~3마디에서는 열매가 맺히지 않는다. 그 이상의 마디에서는 하부에서부터 순차적으로 위쪽을 향해 화서가 분화되어 성장하고 열매를 맺는다.

2개의 눈이 형성되나 형태적으로 구별이 어려움

우측 눈에서 화서가 분화

꽃눈이 잎눈보다 분화가 잘된 상태

잎눈이 꽃눈보다 분화가 잘된 상태 (a : 잎눈)

잎눈의 발달이 현저하여 꽃눈의 기부에 탈락층이 형성된 상태 (b : 탈락층)

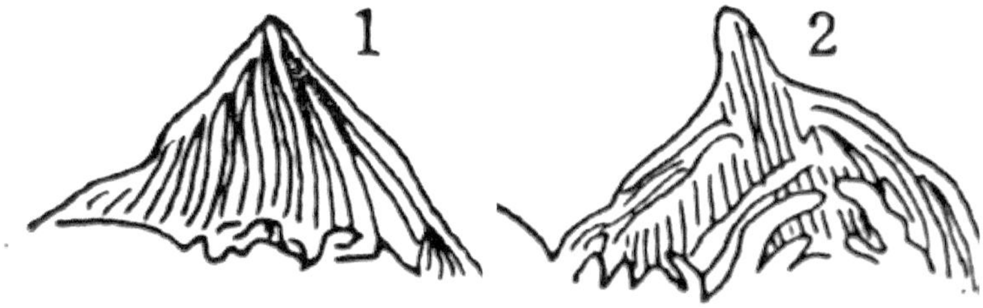

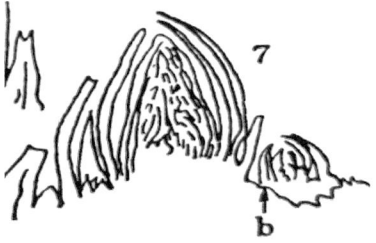

[그림 5-1] 무화과의 꽃눈(화아) 분화와 발육 (小村, 1951)

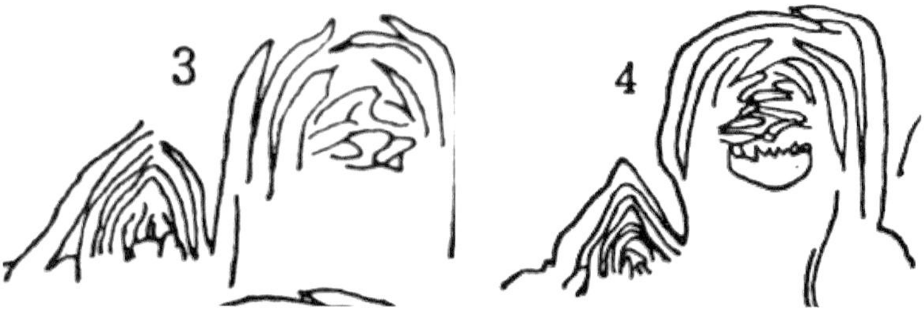

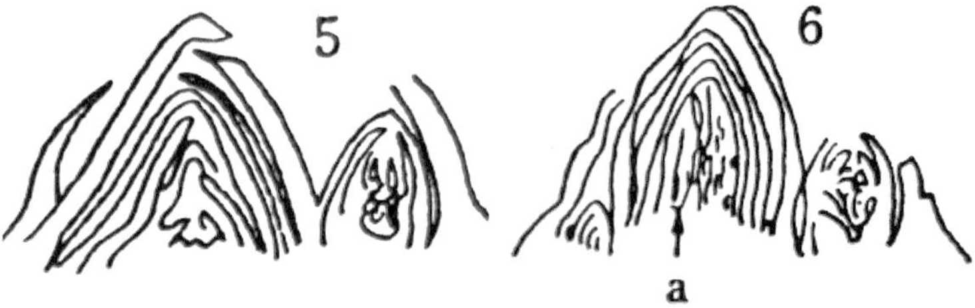

조사에 따르면 본년생의 가지에서 최초 추과가 분화되는 시기는 5월 중순이다(小村, 1951). 5월 하순이 되면 꽃받침 내부에 다수의 꽃이 분화되며, 2차 분화는 8월 하순부터 이루어지는 것도 있다.

하과는 전년도 가지의 정부, 즉 가지의 위쪽 부근의 마디에서 분화한다. 전년도에 꽃눈이 분화되어 초기 발육이 정지된 상태로 월동을 한 다음 본년 이른 봄에 가지 끝부분 마디에서 발육을 시작한다.

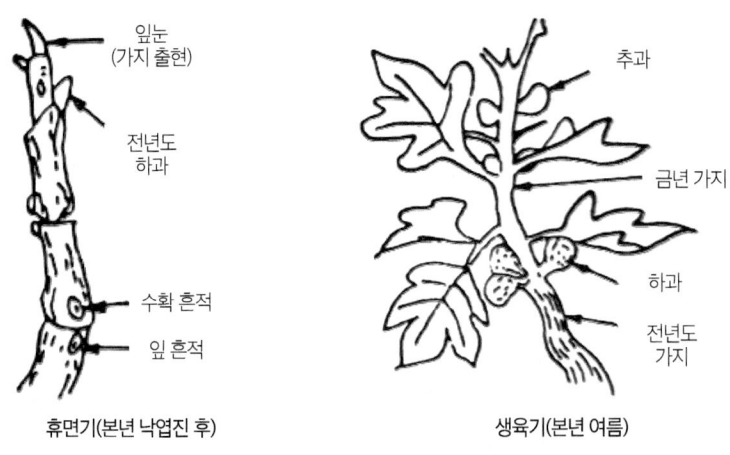

[그림 5-2] 무화과 가지의 종류별 착과 위치 (細井, 1975)

무화과나무는 발육지와 결과지를 구분하지 않고 모든 새순의 액아(기부 1~3마디 제외)에서 화서가 분화되며 가지의 생장이 가능한 온도 조건이 충족되면 끊임없이 화서의 분화가 이루어진다.

나. 화서분화를 결정하는 요인

무화과나무의 새순은 기본적으로 나뭇가지의 기부(아래 부분) 1~3마디를 제외하고는 아랫마디부터 윗마디까지 순차적으로 꽃눈이 분화되어 과실이 착생되는 성질이 있다. 화서의 분화가 나쁘면 수량이 감소되는 결과를 초래한다.

그러나 열매가 마디마다 연속적으로 착과되지 않거나 산발적으로 달린다면 새순의 생육에 문제가 있는 것이다. 이러한 원인은 꽃눈의 분화 불량 외에도 꽃눈이 분화된 후에 기상과 영양 등 여러 가지 조건에 의하여 열매로 발달하지 못한 경우도 있다.

따라서 착과하지 못한 원인을 모두 꽃눈 분화의 불량으로 보는 것은 무리이며 환경 조건이나 나무의 영양조건 역시 영향을 주었을 것이라고 보아야 한다. 특히 탄수화물과 질소의 비율(C/N율)에 의한 식물 호르몬의 불균형을 중요 요인으로 보아야 한다.

1) 환경 조건

15℃ 이하의 저온은 광합성을 대폭 저하시키며 35℃ 이상의 고온은 광합성을 현저하게 억제하고 호흡량을 증대시킨다. 이때 탄수화물의 함량이 낮으면 꽃눈의 분화와 형성이 저해된다.

이는 기부의 1~3마디에 과실이 착과되는 초여름의 온도부족과 관계가 있다. 또 고온이 지속되는 혹서기에는 착과가 이루어지지 않는 것을 볼 수 있다.

광포화점 이하의 일장은 광합성 능력을 낮춘다. 이는 탄수화물의 생성을 현저히 저하시켜 꽃눈의 분화를 억제한다. 계속되는 흐린 날씨와 초밀식 과원은 아래쪽에 착과되어 있는 열매 쪽 잎의 광합성 능력을 떨어뜨릴 수 있다.

극단적인 건조와 과습 또는 병해충, 특히 토양에 분포하고 있는 각종 선충류에 의해 뿌리에 피해를 받아 꽃눈의 분화가 억제되는 경우도 있다. 뿌리는 세근이 피해를 입으면 양수분의 흡수 능력이 저하되어 수세가 약해진다.

강수량이 적은 해에 관수시설을 설치하지 않거나 강수량이 많은 해에 배수가 불량하면 결실이 불안정해져 수량이 오르지 않는다.

토양이 강산성(pH 5.0 이하)이면 뿌리의 활력이 저하되어 생장에 나쁜 영향을 주고 수세가 쇠약해진다. 잎에서는 광합성 능력도 떨어져 꽃눈의 분화를 억제시키는 결과를 보인다. 꽃눈 분화도 토양산도와 관계가 깊으므로 개원할 당시 석회를 다량으로 시용하여 토양을 중성이나 약알칼리성으로 교정하는 것이 필요하다.

2) 나무의 영양상태

질소 과잉상태가 되면 새순이 연약하게 웃자라며 생장하게 된다. 늦게까지 성장이 계속되면 꽃눈의 분화가 억제되는데, 이는 꽃눈의 분화와 형성에 필요한 탄수화물이 질소에 의하여 단백질로 변화되어 가지와 잎의 생장에 이용되고 탄수화물이 극단적으로 부족해지기 때문이다. 어린 나무나 밀식된 과수원에서 많이 볼 수 있다.

저장 양분(주로 탄수화물)이 부족하면 꽃눈의 분화가 억제된다. 예를 들어 나무 세력에 비하여 너무 많이 착과되었거나, 질소질 비료를 과다하게 시용하여 웃자라거나 토양상태가 나빠서 뿌리의 활력이 저하되어 있는 경우가 그러하다. 이러한 과원이나 나무는 가을에 저장 양분 축적이 부족하여 이듬해 봄에 발생하는 새순이 연약하게 웃자란다. 이는 나무의 충실도를 낮추어 꽃눈 분화에도 나쁜 영향을 미친다.

무화과나무는 새순의 신장에 따라 엽액에 순차적으로 착과해 나간다. 수량을 높이기 위해서는 새순의 수를 확보하는 것이 중요하다. 전정은 약간 강하게 실시하는 것이 보통이나 과도하게 강한 전정을 하면 영양생장을 촉진시켜 탄수화물의 소비가 증가하고 꽃눈 분화에 좋지 않은 영향을 준다.

식물의 호르몬이 꽃눈의 분화와 발육에 관계하고 있다고 밝혀진 사과, 배, 포도 등과는 다르게 무화과는 불분명한 점이 많다. 그러나 지베렐린은 화서의 분화를 억제하고, 시토키닌, 아브시스산, 에틸렌은 화서의 분화를 촉진하는 경향이 있는 것으로 알려져 있다.

다. 꽃눈의 형태와 구조

무화과꽃은 과육질의 꽃받침 내부가 다수의 작은 꽃으로 이루어져 은두화서(隱頭花序)라고 한다.

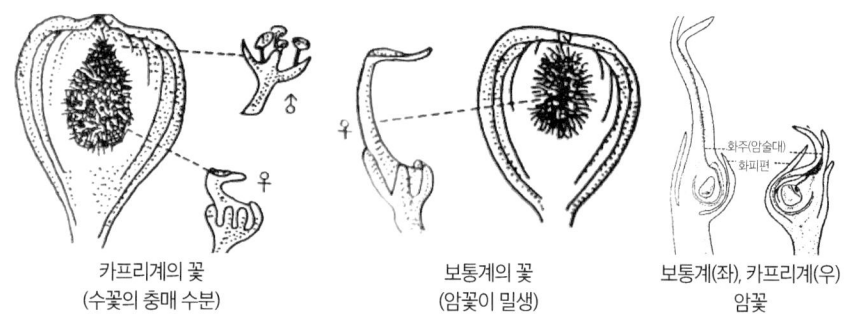

| 카프리계의 꽃 | 보통계의 꽃 | 보통계(좌), 카프리계(우) |
| (수꽃의 충매 수분) | (암꽃이 밀생) | 암꽃 |

[그림 5-3] 무화과꽃 (佐藤 등, 1960)

작은 꽃(소화)의 발달과정

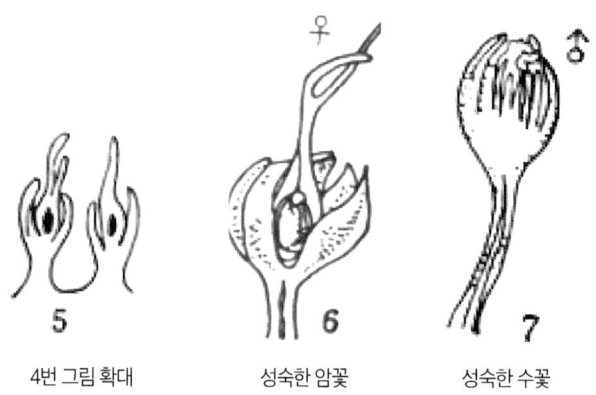

| 4번 그림 확대 | 성숙한 암꽃 | 성숙한 수꽃 |

[그림 5-4] 화기의 발육과정 (本村, 1950)

 위의 그림과 같이 소화는 암꽃과 수꽃으로 분화가 된다. 암꽃은 수정을 하는 완전한 암꽃과 수정을 해주는 벌레꽃(암꽃) 등 2종류가 있다. 보통계에는 암꽃만 있으며, 카프리계는 수꽃에 벌레가 착생한다. 즉 암꽃과 수꽃 그리고 벌레꽃 3종류의 꽃이 있다.

수꽃은 카프리계 과실의 끝부분 즉 과정부 가까이에 착생하며 특히 하과(제1기과)에 많다. 벌레꽃은 벌이 산란하고 발육할 수 있도록 변형된 수꽃으로, 자방이 짧고 크며 중앙부위의 화구가 넓고 평평한 형태로 꽃받침의 아랫부분에 착생되어 있다. 우리나라에 재배하고 있는 품종은 보통계로 꽃받침 내부에 꽃이 단위결실하고 장형의 화주를 가진 암꽃이 대부분이나, '木村(1951)'은 보통계에도 소수의 수꽃이 존재하는 것을 알아냈다.

라. 화기의 발육

1) 외적인 성장

5월 하순부터 6월 상순까지 과경 4mm 내외의 과실은 꽃받침 내부에 유두상 암꽃 시원체를 확인할 수 있다. 주로 표면이 평평하고 화피편의 초생돌기와 화주의 초생돌기 출현이 보인다.

또한 화피, 화주, 자방이 급속하게 생장, 비대해지며 6월 중하순이면 화기의 외부 형태가 완성되는데, 그 시기의 과경은 10~14mm이다. 완성된 꽃은 화피와 기부의 자방을 감싸고 분열된 선단부의 열편은 화주에 밀착하고 있다.

2) 내적인 성장

화기 내부 발달의 경우 외부 형태가 완성되면서부터 어린 배주 내주피가 분화되고 급속히 발육하여 배주를 둘러싼다. 이어서 배주가 발달하며 배의 모세포도 배주의 중앙부에 출현한다. 화주 기부의 조직에서부터 형성되는 자방은 외측 이외에 중앙, 내피 등 3층의 자방벽에 싸여 있다. 즉 1층에 있는 장방형의 세포에서 외과피, 2~3층의 원형세포에서 중과피, 원형의 2~3층 유세포에서 내과피가 형성된다.

배의 모세포가 분열을 거듭하면서 6월 중하순에 1개의 난세포, 2개의 조세포, 2개의 극해세포, 3개의 반족세포가 되어 배가 완성된다. 그러나 '승정도우핀'은 단위결과하기 때문에 배의 퇴화가 시작된다.

배주의 퇴화는 6월 하순부터 7월 상순경까지 배의 내부에 공극이 나타나고 점점 커진다. 이에 내과피의 주피는 수축을 시작하여 7월 하순이면 공극은 더욱 확대되어 내과피의 위축경화가 이루어지며 주피의 위축이 급격하게 이루어진다. 8월 상순이 되면 내과피가 완전히 위축경화되고 내외 주피가 완전하게 위축되어 불완전배주가 된다.

3 과실의 발육과 성숙

가. 과실의 형태

무화과나무는 염색체 수가 2n=26인 아열대성 과수이다. 과실은 원형, 편형, 둥근형 등 다양하다.

과피는 녹색, 황록색, 황색, 적갈색, 자갈색, 자흑색, 청동색 등 다양하다. 색채의 농도는 기후에 의해 약간의 차이가 있다.

성숙과 형태

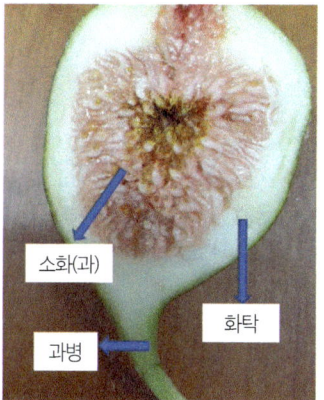

성숙과 종단면

[그림 5-5] '승정도우핀'의 성숙과 형태 및 종단면

나. 구조

무화과 과실은 식물학적으로 위과로, 암꽃이 수꽃과 수분하여 생긴 것이 아닌 수분에 의하지 않고 암꽃만 성숙한 것이다. 과실의 외측은 꽃받침에 해당되고 꽃받침의 안쪽은 작은 꽃으로 이루어졌으며, 꽃받침이 발육하면서 과육이 된다. 과일 내의 작은 꽃은 과실의 크기에 따라 차이가 크지만 '승정도우핀'의 작은 꽃 수는 약 2,000~2,800개 정도이고, '브라운터키'는 약 1,500개 내외이다.

무화과의 먹을 수 있는 부분은 다수의 작은 꽃과 꽃받침 조직으로, 소화가 과일의 무게 중 50% 정도를 차지하고 있다(平井, 1962). 이전에는 과일 대부분의 가식부가 꽃받침이라고 하였지만 엄밀하게 이야기하면 그렇지 않다.

수정이 완료된 과실의 꽃받침에 무수하게 부착된 작은 꽃에서 1.5mm 크기의 아주 작은 둥그런 종자가 발달한다. 보통 단위결과된 과실은 배와 배유가 발달하지 않고 단지 씨방벽 안쪽층이 경화되어 마치 씨앗 같은 형태가 된다.

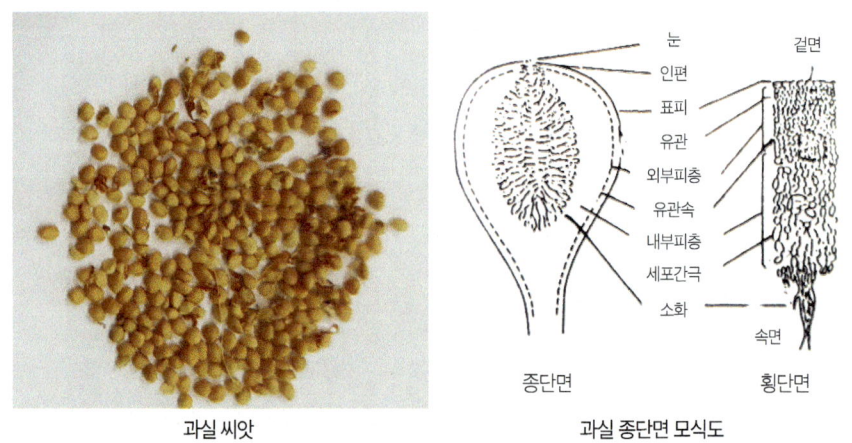

[그림 5-6] 무화과 과일의 씨앗 및 종단면 모식도

과실의 내부 구조는 [그림 5-6]과 같다. 꽃받침은 줄기나 과경에 해당한다. 과실의 가장 외부에 표피세포가 줄지어 있지만, 그 표면에는 큐티쿨라층이 형성되어 있고 표피세포에서 발생한 털도 보인다.

과정부 중앙의 작은 구멍은 과일의 눈(과정부)이라고 부른다. 이것은 과실 내부로 통해 있고 인편에 의해 가볍게 닫혀있다. 꽃받침의 피층은 유관속 내외부의 외부피층과 내부피층으로 나뉜다. 외부피층은 여러 층의 후막세포층과 유세포로 구성되며, 후막세포층은 유관을 포함한다. 내부피층은 세포간극의 다공성세포가 차지하고 있다.

우리가 과일을 먹을 때 과피가 벗겨지는 곳은 표피와 외부 피층 부분이다. 작은 꽃은 작은 꽃자루, 화피편, 화주, 소화경, 열편으로 갈라진 주두로 단위결과로 발육하지만 수정된 과일의 작은 꽃은 자방벽이 발달하여 진정한 과일이 된다. 내과피는 경화되며 중과피는 과육과 다즙의 유세포로 구성되고 외부 껍질은 표피를 형성한다.

다. 과실의 발육과정

1) 외부 형태적 생장

[그림 5-7]은 꽃받침과 소화의 외부 생장을 표시한 것이다. 소화경의 기부에서 화주의 기부까지 거리를 화장이라고 하는데, 7월 중순까지 빠르게 자란 후 7월 하순 이후에는 일시적으로 둔화되었다가 성숙 직전에 급격하게 생장한다.

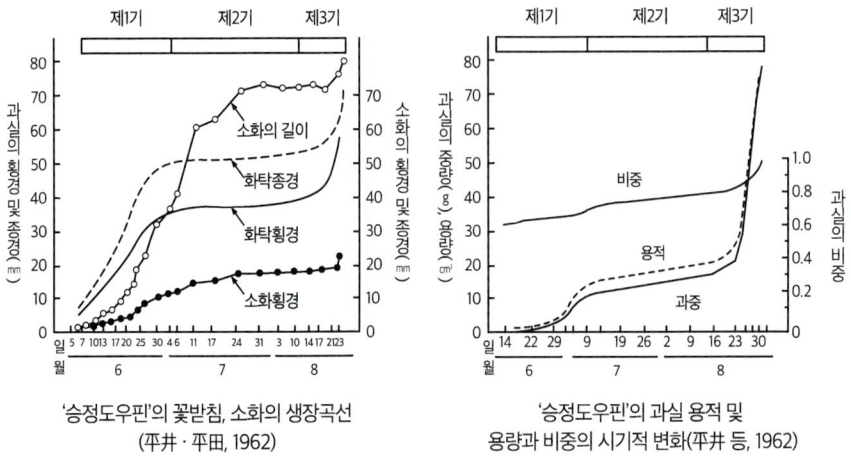

'승정도우핀'의 꽃받침, 소화의 생장곡선
(平井·平田, 1962)

'승정도우핀'의 과실 용적 및
용량과 비중의 시기적 변화(平井 등, 1962)

[그림 5-7] '승정도우핀'의 꽃받침, 소화의 생장곡선과 용적 및 중량, 비중의 시기별 변화 (平井·平田, 1962)

화기의 완성기 이후 꽃 길이의 증가는 꽃자루 신장에 의한 것이다. 과실의 외부 성장은 횡경, 종경이 이중 S자형 곡선을 나타낸다. 어린 꽃과 꽃받침은 명료하지 않으나 횡경의 신장 역시 이중 S자형 곡선을 그린다.

'승정도우핀'은 생장 제1기에서 제2기로의 전환기에 개화기를 경과하는 것으로 보인다. [그림 5-7]의 과일 생장은 무게와 용량, 비중의 시기적인 변화를 나타내고 있다.

[표 5-2] '승정도우핀'의 과실의 생장기별 횡경, 종경, 중량의 증가율 (平井 등, 1962)

생장기	일수(일)	횡경(mm, %)	종경(mm, %)	용적(cm^2, %)	중량(g, %)
제1기	25	24.00(50)	41.00(63)	12.75(16)	9.36(12)
제2기	38	4.56(9)	4.18(6)	6.46(8)	5.70(7)
제3기	16	19.84(41)	20.32(31)	59.52(76)	62.10(81)
전 기간	79	48.40(100)	65.50(100)	78.73(100)	77.16(100)

　용적과 과중의 변화는 과경 변화와 비슷한 이중 S자형을 보인다. 또한 비중은 제1생장기 63~70%, 제2생장기 70~80%이나, 제3생장기에는 80~98%로 급격하게 커진다. [그림 5-7]이 보여주는 것같이 용적과 중량은 비중과 다른 양상을 보인다. 각 생장기의 용적과 중량의 증가량은 제3생장기에서 보는 바와 같이 76, 81%를 보였다. 이 시기에는 급격한 용적과 중량의 증대를 보인다.

　각 생장기 용적과 중량 증가량의 상호관계를 살펴보면, 제1기와 제2기의 용적생장이 제3기의 중량생장보다 큰 것을 볼 수 있다. 이처럼 무화과 과실은 용적량이 무게보다 선행하여 생장한다.

라. 내부 조직의 생장

　과실 내부의 각 조직은 세포로 구성되어 있다. 따라서 세포의 수와 크기는 조직 발달과 과실 크기를 결정하는 주요 요인이다. 각 조직의 발달에 따라 세포 수나 세포량이 어떻게 변화해 나갈 것인가를 아는 것이 과일의 생장에 있어 중요하다.

1) 각 조직의 비대량 변화

　과실 내부 각 조직의 비대량과 횡단면의 면적 변화를 나타낸 [그림 5-8]을 보면 전체적으로 제1기에서 급속하게 증가하다 그 후 일시적으로 완만하게 성장하고 8월 상순 제3기에 급격하게 증가하여 성숙에 이른다. 이 시기의 비대량이 전 기간의 53%를 차지하고 있다. 피층부와 전체가 같은 양상으로 변화하고 있는데 비대량은 제1기가 현저하게 높고(전 기간의 55%) 제2기에는 적은 특징을 보인다.

작은 꽃은 제1기와 제2기에는 매우 서서히 증가하지만 제3기에는 전 기간의 51%가 증가한다. 과실 중심부의 공극은 6월 하순까지 작은 꽃보다 크지만 그 후 어느 정도의 변화는 있어도 큰 변화는 없다. 그러다 제3기에 다른 기관과 같이 급격한 상승 곡선을 그리는데 그 증가량이 전 기간의 78%에 이른다. 성숙한 과실의 각 부분이 차지하는 비율은 피층부 49%, 어린 꽃 31%, 공극 부가 20%이고 피층부가 전체의 약 절반을 차지하고 있다.

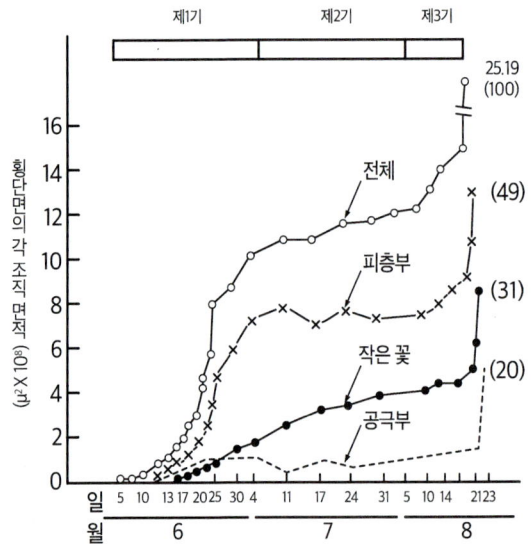

[그림 5-8] '승정도우핀' 과실(횡단면) 내부 조직 비대량의 시기적 변화 (平井 등, 1962)

2) 각 조직의 세포 수 변화

과실의 주요 부분을 점유하고 있는 꽃받침 조직세포의 분열증식 상태와 그것을 구성하는 표피층, 내부피층과 세포 수의 변화를 [그림 5-9]가 나타내고 있다. 외부표피의 세포층 수의 변화를 표시하고 있는 것이 그 다음 그림이다. 즉 표피조직의 생장 제1기가 끝나는 시기인 7월 4일경에 급격하게 세포 수가 증가한 후에는 과경 35mm 내외인 성숙과일 횡단면의 표피세포 수는 11,000개 정도로 일정하다. 따라서 이 시기가 표피조직의 세포분열 정지기로 생각된다.

외부피층을 후막세포와 유세포로 나누어보면 외측의 후막세포층은 6월 20일경까지 순차적으로 증가하고 그 후에는 거의 일정하다. 그리고 성숙 시에는 6~7층이 존재하고, 내측의 유세포층은 6월 15일경까지 증가가 계속되어 23층이 형성된 이후에는 증가하지 않고 외측의 후막 세포층보다 약 5일 빨리 층수가 결정되었다.

내부피층 세포 수는 과경이 12.7mm인 6월 15일까지 급속하게 증가하며, 그 후에는 일정하다. 세포분열 정지기는 6월 15일이고 이는 피층 유세포의 층수가 일정해지는 시기로 화기 완성기 직후에 해당한다. 이 시기는 표피세포의 분열정지 기간보다 약 20일, 외부 피층의 후막세포의 층수가 일정해지는 시기보다 약 5일 빠르다. 성숙기 횡단면의 내부피층 세포 수는 약 70,000개였다.

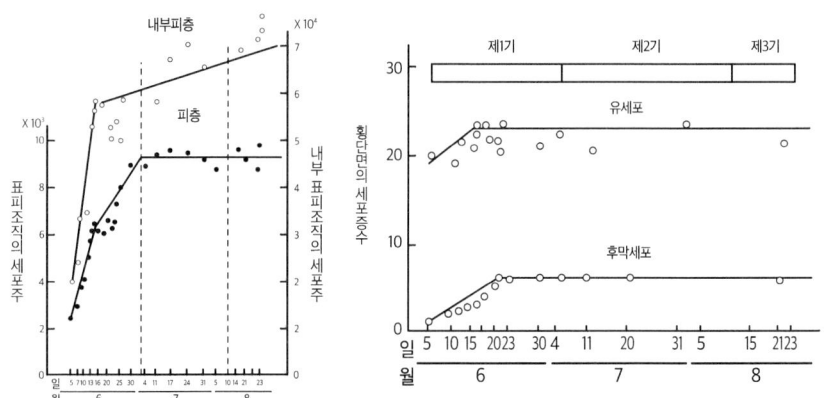

'승정도우핀' 과실(횡단면)의 내부피층, 표피의 각 조직 및 세포 수의 시기적 변화

'승정도우핀' 과실(횡단면)의 외부피층, 후막제초, 유세포의 세포층 수의 시기적 변화

[그림 5-9] '승정도우핀' 과실(횡단면)의 각 조직 세포 수 변화 (平井 등, 1962)

이와 같이 꽃받침의 각 내부조직은 세포분열 및 정지기간의 속도가 빠르다. 그러므로 무화과 꽃받침의 발육은 생장 초기 단계에서 세포의 분열과 증식이 이루어지고 중기 이후에는 세포의 용적 증대와 관련이 있다고 보인다.

3) 각 조직의 세포비대 변화

[그림 5-9]는 과실의 발육에 따른 각 조직 세포 증식의 변화를 세포 면적으로 나타내고 있다. 내부피층의 세포 비대는 제2기 초기에 급격하게 비대한 후 제3기에 이르러도 과실은 그 이상의 비대가 이루어지지 않는다. 그러나 제3기에는 과실의 비대가 현저히 증가함에도 불구하고 개별세포의 증가가 보이지 않은 것은 이 기간 동안 조직의 세포 간극이 크게 증가했기 때문이다. 또한 외부피층의 유세포 비대는 제1기에서 현저하게 증가하는 것이 보이지만 그 시작은 내부피층보다 다소 늦어지는 것을 볼 수 있다.

제2기가 되면 비대가 거의 없고 제3기에는 급격히 비대한다. 표피세포는 전 기간을 통하여 서서히 비대한다.

마. 과실의 발육과 호흡

과실은 외형적으로는 세포의 분열과 비대에 따라 성장한다. 그러나 내용적으로는 끊임없는 화학성분의 변화에 따라, 결과적으로 과실 특유의 품질 특성이 나타나면서 성숙한다. 이러한 생체를 유지하고 새로운 기관의 형성에 필요한 에너지를 얻기 위해서는 기초대사가 필요하다. 이때에 유리되는 에너지를 직간접적으로 이용하는 것이 호흡이다.

1) 과실

꽃받침과 작은 꽃을 포함한 과실 전체의 호흡량은 이산화탄소(CO_2)의 배출량이 산소(O_2)의 흡수량보다 많으며, 시기별로도 같은 경향을 보인다.

발육 초기 세포 분열증식 시기에는 호흡량이 높지만 제2기의 중반인 7월 하순에는 급격하게 감소한다. 과피가 녹색에서 연한 녹색으로 바뀌면 작은 꽃이 적색으로 변하기 시작하는 제2기 후반인 8월 상순의 호흡량은 일시적으로 높아진다. 이후에는 다시 감소하고 제3기 후반인 8월 하순경에는 과피에 착색이 시작되면서부터 30~40% 정도의 착색이 된 시기, 즉 과육이 연화되기 직전까지 증가하고 이후 성숙이 될수록 감소하는 양상을 나타낸다. 이러한 변화를 호흡률(RQ=이산화탄소 배출량/산소 흡수량)로 살펴보면 과실의 발육 초기부터 점차 증가하고, 제2기 말기에는 1.3까지 상승하고 성숙 직전에는 1.6으로 최고치에 도달한다. 이후 성숙과 함께 다소 저하하지만 여전히 높은 값을 보인다.

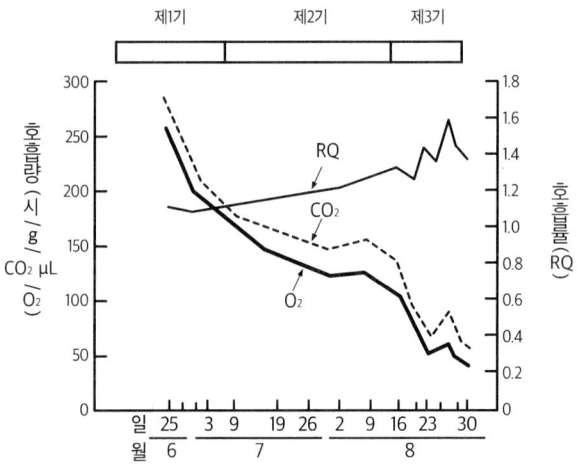

[그림 5-10] 무화과 과실생육 중 꽃받침과 작은 꽃의 호흡률 변화 (平井·平田, 1963)

성숙 직전의 호흡량이 일시적으로 상승하는 현상으로 볼 때 무화과는 사과, 서양배, 바나나 등과 같은 호흡형(클라이매트릭) 과일로 생각된다. 따라서 무화과 과실의 성숙은 에틸렌이 관여하는 것으로 추정된다.

2) 꽃받침과 작은 꽃

산소의 흡수량은 제2기 후반까지, 이산화탄소의 배출량은 제3기 초반까지 모두 작은 꽃이 높고, 이후에는 꽃받침이 높은 경향이다. 작은 꽃의 호흡량은 8월 상순 작은 꽃이 붉게 착색이 시작되는 시점과 9월 상순 과피색이 30~40 정도 되는 시점에 높아지는데, 8월 상순의 증가가 현저히 높다.

산소 흡수량은 과실의 발육이 진행함에 따라 감소하고, 9월 상순인 성숙 직전의 이산화탄소 배출량이 증가하는 시기에 일시적으로 증가한다. 꽃받침도 같은 양상을 보인다. 과피색이 녹색에서 황록색으로 변하는 시기와 성숙 직전의 시기에 일시적으로 증가한다.

작은 꽃의 호흡률은 제1기의 마지막인 7월 상순부터 상승하여 성숙기에 1.9 이상의 높은 호흡률을 지속한다. 특히 작은 꽃의 착색 개시기, 어린 과일이 급속하게 비대하는 시기(과피의 착색 개시기), 어린 과일이 연화를 시작하는 시기 및 성숙기 등에는 2.3~2.5로 높다.

꽃받침과 과피색이 연한 녹색으로 변하는 8월 상순에는 1.6으로 상승하고 성숙기에는 2 이상으로 높은 수치를 보인다. 무화과의 미숙과가 정상발육하고 있을 때의 호흡률은 대체로 1.1~1.2 전후이며 성숙을 시작하게 되면 과실 중의 물질대사가 활발하게 되는 것을 예상할 수 있다.

바. 과실의 성분

과실의 성분은 수분이 90%이고 그 중 당분은 10% 정도다. 과실에 포함된 당분은 대부분 포도당과 과당으로 이루어져 있다. 유기산은 적으나 사과산과 구연산을 소량 함유하고 있다. 산의 함량은 0.22% 내외로 신맛을 거의 느낄 수 없다.

무화과는 피신(Ficin)이라고 하는 단백질 분해효소를 가지고 있다. 이는 참다래가 함유하고 있는 액티니딘(Actinidain)과 함께 단백질을 분해하는 작용을 하므로 연육제로 사용하여 육류를 부드럽게 하는 데 이용하기도 한다.

그 밖에 지방을 지방산과 글리세린으로 가수분해하는 리파아제와 아밀라아제, 페록시다아제, 옥시다아제 등도 포함되어 있다. 이러한 성분을 함유한 생과는 소화를 도와주고 변비를 치료하는 효과가 있다.

[표 5-3] 무화과 과일의 성분함량 (한국식품개발원, 1989)

성분 \ 품종	봉래시 (%)	승정도우핀 (%)	기타성분 \ 품종	봉래시 (%)	승정도우핀 (%)
수분	88.7	88.4	총당	9.0	9.6
단백질	0.74	0.72	°Brix	12.6	13.5
			환원당	8.5	8.8
지방	0.31	0.27	총산	0.3	0.24
회분	1.12	0.83	pH	4.75	4.88
			비타민(mg)	1.33	1.67
조섬유	0.47	0.44	펙틴	0.31	0.3
탄수화물	9.13	9.78	아미노태질소 (mg)	47.6	38.7

사. 무화과나무 생장조절 물질(생장 호르몬)

과일의 발육은 식물생장 호르몬이 중요한 역할을 하는데 발육단계별로 식물생장 호르몬의 종류, 양, 작용 등이 다른 것으로 알려져 있다. 그러나 무화과에 관한 연구는 거의 없다. 현재 식물생장 호르몬은 옥신(IAA), 지베렐린(GA), 시토키닌, 아브시스산(ABA), 에틸렌 등이 있는 것으로 알려져 있다.

6장
성숙조건 및 숙기 촉진

1 과실의 색소

무화과 미숙과의 과피색은 엽록소(클로로필) a와 b를 함유하고 있다. 색소 a와 b는 녹색의 정도를 나타낸다. 청록색을 나타내는 엽록소 a는 어린 과일의 발육과 함께 증가하고, 8월 상순에 최고에 이른다. 그 후에는 점차 감소하지만 특히 과피색이 녹색에서 연한 녹색으로 변하는 8월 상순부터 급격히 감소한다.

황록색을 나타내는 엽록소 b는 a값보다 낮은 함량으로 8월 중순까지는 변하지 않지만 이후에는 서서히 감소한다. 그러나 9월 상순부터 급격히 감소하고 성숙 직전에는 다소 증가하며 성숙 시에는 엽록소 a보다 많아진다. 이것은 과실이 발육함에 따라 과일색이 녹색에서 황녹색으로 변하는 것과 관계가 있다.

과피색과 작은 꽃의 붉은 색소(안토시아닌)에는 펠라르고니딘과 시아니딘이라고 부르는 두 종류가 있다. 과일이 발육하면서 과피색과 작은 꽃의 안토시아닌의 함량이 시기적으로 변하는데 전 기간 동안 펠라르고니딘이 시아니딘보다 다소 높다.

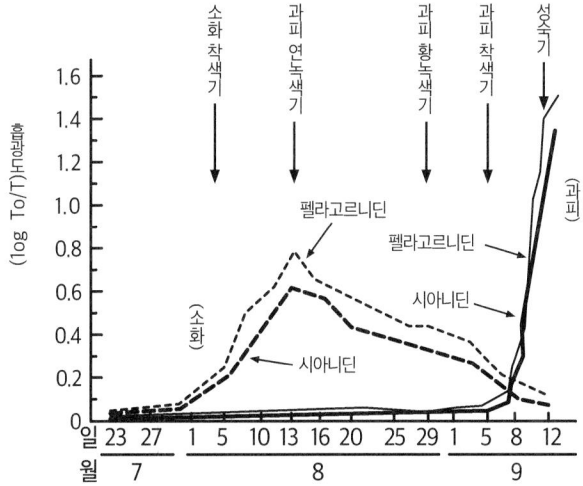

[그림 6-1] 과실의 과피 및 소화의 안토시아닌 함량 변화 (平井·平田, 1964)

작은 꽃의 착색은 8월 상순경 착색 개시기부터 급증하며 8월 상중순에 과피가 연한 녹색으로 변할 무렵 최고조에 달한 다음 성숙하면서 감소한다. 이는 작은 꽃의 색이 8월 중하순에 최고로 진하고 이후에 연해지는 것과 일치한다.

과피는 과실의 생장 제2기에 함량이 낮지만 과피가 착색을 시작하면 급격하게 증가하여 성숙에 이른다.

- 펠라르고니딘(Pelargonidin) : 쌍자엽 식물에서 발견되는 붉은 안토시아닌 색소
- 시아니딘(Cyanidin) : 옥수수, 무화과의 적색 천연색소
- 델피니딘(Delphinidin) : 식물에서 푸른 색을 내는 색소

2 휘발성 성분

[그림 6-2]는 과실의 성숙, 노화와 관계있다고 알려진 아세트알데히드, 에틸알코올, 에틸렌이 휘발성 성분을 갖고 있음을 나타내며 이 성분은 제3기의 과실성숙기에 증가한다.

과실 발육기에는 에틸알코올이 아세트알데히드보다 함량이 높다. 에틸렌은 성숙기에 들어가서 급증하기 시작하여 착색이 시작되는 시점에서 최고점을 보인다.

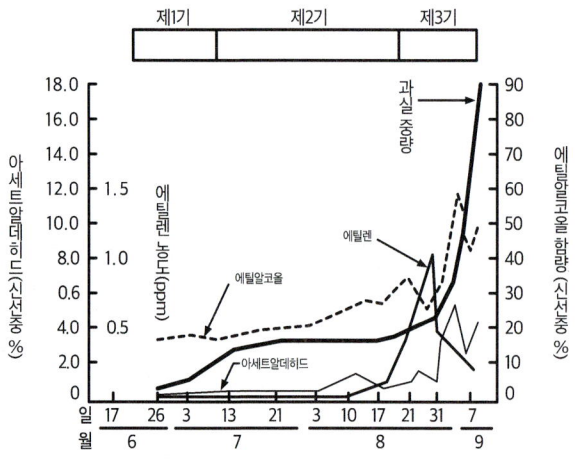

[그림 6-2] 과실 내 아세트알데히드, 에틸알코올, 에틸렌의 함량 변화 (平井·平田, 1963)

무화과는 호흡형(클라이맥테릭형) 과수로 앞에서 언급한 기간에 최고점에 이르는 반면 아세트알데히드와 에틸알코올은 그보다 더 늦은 과일의 성숙부터 과숙 때까지 많아진다. 따라서 에틸렌이 과일의 성숙, 아세트알데히드 및 에틸알코올은 과일의 노화에 관계된 것으로 추정된다.

3 과실의 착색조건

가. 과피의 색소

무화과의 과피색은 녹색, 황색, 갈색, 자흑색 등 다양하며 그 색의 연하고 진함은 기후나 나무, 영양 상태에 따라 달라지는 것으로 알려져 있다.

과피는 녹색 계통의 엽록소와 노란색 계통의 플라보노이드 색소, 적색 계통의 안토시아닌 색소를 함유하고 있다. 노란색 계통으로 나타나는 품종의 과피는 대체로 엽록소와 플라보노이드 색소를 가진다. 자색에서 자흑색의 과피를 가지고 있는 과일은 어린 과일 단계에서는 엽록소가 많고, 성숙하면 안토시아닌 색소가 많아진다.

우리나라에서 주로 재배하고 있는 '승정도우핀'의 과피는 [그림 6-3]과 같이 최대 흡광도 660nm의 엽록소 a와 642.5nm의 엽록소 b를 함유하고 있다. 과피, 작은 꽃의 최대 흡광도는 아래 그림과 같이 펠라르고니딘 530nm, 시아니딘 545nm이다. 펠라르고니딘이 시아니딘보다 많이 함유되어 있다.

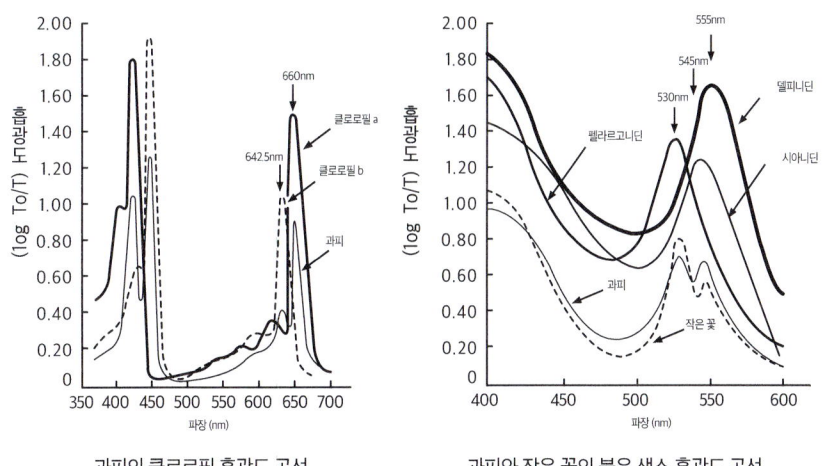

과피의 클로로필 흡광도 곡선   과피와 작은 꽃의 붉은 색소 흡광도 곡선

[그림 6-3] 과피 및 작은 꽃의 흡광도 곡선 (平井·平田, 1963)

펠라르고니딘이 시아니딘보다 색소를 많이 함유하며 이들 색소는 어린 꽃과 과피의 착색 개시기부터 착색기간에 급증하여 과일의 색 발현에 관계한다.

미숙과의 껍질에는 클로로필 a가, 성숙과일의 껍질에는 클로로필 b가 많이 함유되어 있다.

나. 착색 발현의 조건

무화과나무 재배에서는 착색이 품질을 좌우한다. 적색~자흑색 계통의 품종이 안토시아닌 색소를 생성하는 세 가지 기본 조건이 있다.

첫째, 온도이다. 착색에 적정한 온도는 15~20℃이다. 30℃ 이상이거나 10℃ 이하의 조건에서는 안토시아닌 발현이 억제된다. 8월에 고온이 지속되면 성숙 초기의 과실은 착색이 나쁘고 9월 이후에 성숙하는 과실은 착색이 잘 된다.

둘째, 햇빛이다. 특히 자외선이 과실에 닿지 않으면 무화과에 안토시아닌이 발현되지 않는다. 빛을 받기 어려운 아랫가지 열매는 붉은색이 희미하게 되어 착색 불량 과일이 된다.

셋째, 당이 있어야 한다. 당은 가장 기본적인 포도당으로 안토시아닌의 자체 배당체에서 당과 결합된 형태로 존재한다. 안토시아닌 생성을 많이 하여 착색을 좋게 하려면 과일에 다량의 당을 축적할 필요가 있다. 따라서 적극적인 당 생산을 촉진시키는 한편 당의 소비를 최대한 억제하는 관리가 필요하다. 즉 당의 생산 측면에서 가지마다 잎이 햇빛을 충분히 받도록 하여 광합성 능력을 최대한 발휘해 지상부의 가지 배치와 새순을 유인하는 것이 필요하다.

동시에 토양개량을 실시하여 튼튼한 세근을 다량으로 발생시켜 나무의 세력을 충실하게 장려함으로써 잎의 광합성 능력을 높이는 것을 잊지 말아야 한다. 또한 소비 억제 측면에서 과실의 착색기 이후에는 새순이 웃자라지 못하도록 질소질 비료의 과용 및 늦은 강전정은 피해야 한다. 새순을 늦게 신장시키면 당과 질소를 단백질로 바꾸어 새순의 신장에 사용하게 되므로 과실에 분배해야 될 당의 부족을 초래하기 때문이다. 새순의 신장은 지상부를 과번무하게 하여 일조를 나쁘게 하고 탄수화물 생산을 저하시킬 수도 있다. 또한 과다한 착과는 당의 경합을 가져올 수 있으므로 적정하게 착과되도록 노력하여야 한다.

착색을 좋게 하는 구체적인 방법은 다음과 같다.

첫째, 조기에 눈 솎기를 실시한다. 발아기에 불필요한 눈은 조기에 솎아주어 남은 새순의 충실을 도모한다.

둘째, 결과지의 길이에 따라 새순 수를 조절한다. 어린 나무는 질소 과다나 강한 전정으로 나무 가지와 마디 길이가 길어지면 잎의 수가 많아져 일조가 나빠진다. 따라서 새순 신장기가 지나는 7월 중순 이후에는 적정 한도 내에서 착과가 불량한 결과지의 기부를 잘라 솎음전정을 해준다. 충실한 결과지의 마디는 짧기 때문에 같은 엽수에서도 일조가 좋아 착색이 잘 된다.

셋째, 적심을 실시한다. 새순에서 착생하는 열매는 기온이 낮아지면 모두 수확할 수 없다. 대체로 8월 초순경에 과실이 6mm 정도에 미달하는 열매는 온도 부족으로 인해 수확하지 못한다. 이런 점에서 수확할 수 없는, 즉 열매가 착과되어 있는 부분의 가지를 잘라주면 일조가 좋아져 착색이 잘 될 뿐만 아니라 숙기도 촉진된다. 그렇지만 자른 후 자른 마디 아랫부분의 액아에서 곁순이 발생되므로 이를 제거해주는 노력이 필요하다.

4 과실의 성숙 조건

가. 성숙 및 호흡

과실이 완숙에 다다르면 호흡이 일시에 증대한다. 이런 현상을 가진 과일을 호흡형(클라이맥테릭형)이라고 부르는데, 사과, 배, 자두, 바나나, 아보카도 등이 이 유형에 속하는 전형적인 과실이다.

일반적으로 클라이맥테릭이 시작되거나 진행 중일 때 착색이 시작되고 성숙·연화되어 수확하게 된다. 따라서 클라이맥테릭형 과일의 호흡 상승과정을 알면 수확 적기 판정이 가능해질 것으로 보인다.

무화과는 감귤, 포도, 황도 등처럼 클라이맥테릭 현상이 없는 논클라이맥테릭이지만 반대 이론도 있다.

[그림 6-4]는 과일의 성숙에 따른 호흡량 변화를 나타내고 있다. 무화과는 과피가 녹색에서 황록색으로 변하는 시기부터 호흡이 상승된다. 이후 착색 시작 시점에 피크를 보이고, 성숙해지면서 감소하는 전형적인 클라이맥테릭 타입을 보인다.

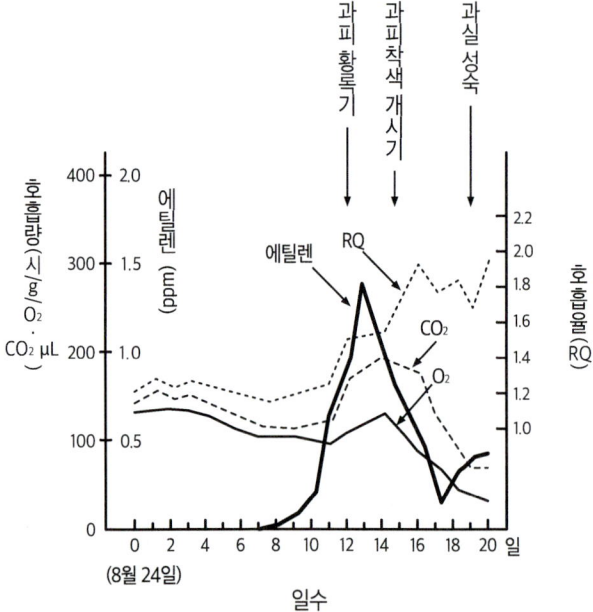

[그림 6-4] 과실의 성숙과 함께 호흡량 변화와 에틸렌 발생관계 (平井 · 平田, 1967)

호흡량의 증가는 산소보다 이산화탄소에서 현저하다. 호흡 속도도 클라이맥테릭형이 시작되기 이전에는 1.2 내외인 데 반하여 이후에는 1.8~2.0으로 크게 높아져 분명히 성숙 대사계 반응으로 이행되는 것을 보여주고 있다. 무화과 열매의 호흡은 클라이맥테릭 호흡에서 최고치를 보인 직후부터 급속히 성숙·연화하고 단시일 내에 과숙에 도달한다.

나. 성숙과 에틸렌

에틸렌이 과실의 성숙에 관계가 있다는 것은 오래전부터 알려져 있었다. 최근 이를 정밀하게 측정할 수 있는 기계가 개발되어 미량의 에틸렌 측정이 가능해지고 그 추측이 입증되었다. 앞의 [그림 6-4]에서 과실의 성숙은 에틸렌 발생과 관계가 있음을 보여준다.

에틸렌은 호흡이 상승하기 전에 증가를 시작하여 클라이맥테릭의 최고치 직전(황록색 시기)에 가면 최고에 도달한다. 이후 과실의 성숙과 함께 급감하고 과숙이 되면 다시 증가한다.

무화과는 과실 수확 후 저장성이 나쁜 것이 특징이다. 이는 과숙이 에틸렌의 증가와 관계한다는 것 이외에 에틸렌 증가 후 아세트알데히드와 에틸알코올이 급증하는 것에도 원인이 있다고 보고 있다.

클라이맥테릭형 과일은 호흡 상승 직전과 상승 이후가 아니면 에틸렌에 의한 성숙촉진 효과를 나타내지 않는 것이 특징이다. 무화과는 생장 제1기와 제2기 전반 동안 미숙 과일로, 에틸렌 처리에 의한 반응을 전혀 보이지 않는다. 이 사실로 미루어 볼 때 무화과는 클라이맥테릭형 과일이라고 볼 수 있다. 과실 내에서 생성되는 에틸렌이 호흡 상승을 유발하고 내부 대사계를 성숙시키는 방향으로 과실의 성숙을 촉진하고 있는 것으로 추정된다(平田尙美).

다. 성숙에 따른 과일성분의 변화

성숙에 따른 과일 내의 환원당, 전분, 사과산의 변화를 살펴보면 환원당과 전분은 호흡이 급증하는 시기(과피의 착색 개시기)에 증가한다. 환원당은 과실이 성숙하는 시기에 급증하고, 반대로 전분은 호흡이 급등하는 시기에 감소한다.

한편 사과산은 생장 제3기에 들어서면 증가하기 시작한다. 환원당과는 다르게 호흡이 최고에 오르면 급감하고 성숙에 이르는 양상을 보인다. 일반적으로 클라이맥테릭 과실이 성숙함에 따라 에틸렌 증가, 그에 따른 호흡 상승, 전분과 산의 감소, 당의 증가, 착색 촉진, 과육의 경도 저하 및 고유의 무화과향 발현 등의 현상이 생긴다.

5 과실의 성숙촉진

무화과의 성숙촉진 목적은 첫째, 조기에 수확하여 판매 가격이 높은 시기에 출하하는 것이다. 둘째, 기상재해 발생이 낮은 시기에 생산이 가능하도록 하는 것이다. 셋째, 수확 성기의 노력을 다소나마 분산하는 것이다. 넷째, 온도 부족으로 성숙 불가능한 열매를 빨리 익혀 생산 수량을 높이는 것이다.

가. 식물성 기름을 이용한 성숙촉진

무화과 과정부에 올리브유 등 식물성 기름을 이용하여 과일의 비대와 성숙을 촉진시키는 방법은 오래전부터 알려져 왔다. 때문에 지금도 무화과재배 농가 사이에 널리 이용되고 있다. 식물성 기름 처리 적기는 과실 생장 제2기 후반부터이다. 이 시기는 자연적으로 성숙을 시작하기 15일 전으로 과일의 직경이 34mm 정도일 때다. 과피가 녹색에서 황록색으로 변하고, 과정부의 눈 부분이 분홍색으로 변하면서 약간 볼록해지며, 과일의 안쪽 꽃받침에 붙어있는 작은 꽃들이 붉은 복숭아색으로 변할 때 식물성 기름을 발라 성숙을 촉진시킨다(165쪽 참고).

[그림 6-5] 식물성 기름을 바르는 도구 (영암군농업기술센터, 2001)

　식물성 기름을 처리한 후 약 1주일이 지나면 수확할 수 있다. 성숙촉진용 식물성 기름은 올리브유뿐만 아니라 콩기름, 유채기름 등을 사용해도 처리 방법이나 효과에는 큰 차이가 없다.
　식물성 기름을 과일의 과정부(눈)에 바를 때에는 면봉, 붓, 솜 등을 이용하거나 면으로 기름병을 막아 사용한다. 식물성 기름을 과정부에 묻히면 기름이 묻은 부분에 흑갈색의 흔적이 나타날 수 있으며 이럴 경우 상품성이 저하되기 때문에 소량을 사용하여야 한다.
　기름 처리 시기가 너무 빠르면 성숙 효과가 나타나지 않거나, 열매가 위조하여 낙과되기도 한다.

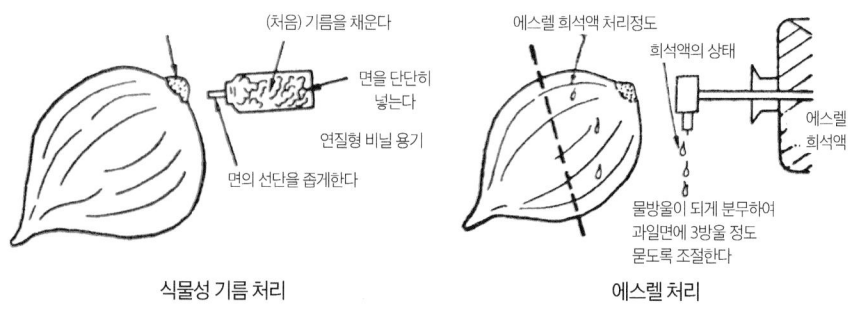

[그림 6-6] 무화과 과일에 성숙촉진제 처리 방법 (渡瀨, 1982)

식물성 기름 처리에 의하여 성숙이 촉진되는 원리는 平井 등(1996)이 규명하였다. 식물성 기름은 지방산(리놀렌산)과 글리세린으로 구성되어 있는데, 이들 성분 중 지방산이 성숙촉진 효과가 크고 글리세린은 효과가 거의 없다.

식물성 기름 중에서는 불포화 지방산이 높은 것일수록, 바꾸어 이야기하면 이중결합수가 많은 것일수록 성숙촉진 효과가 현저하게 높다. 예를 들어 성숙촉진 효과는 포화지방산인 스테아린산보다 이중 결합 1개를 가진 올레인산이 더 높고, 2개를 가진 리놀렌산은 1개를 가진 것보다 높으며, 3개를 가진 리놀렌산이 가장 높다.

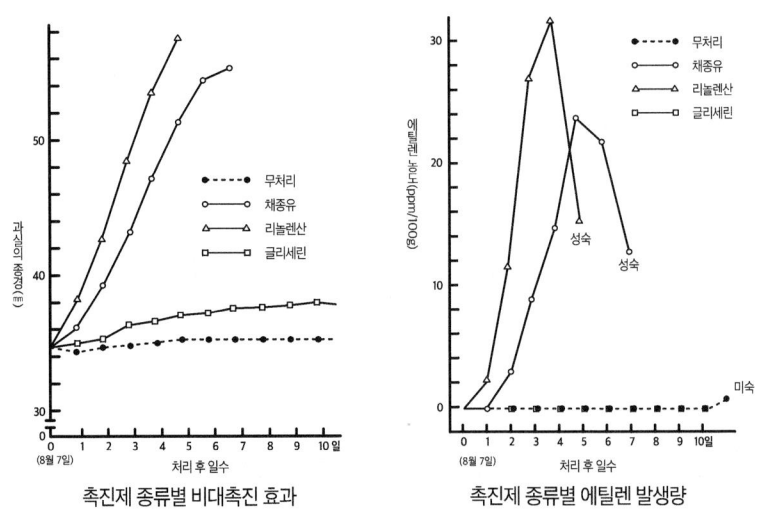

[그림 6-7] 채종유 지방산 처리의 과실 비대촉진 및 에틸렌 발생 효과 (平正·平田, 1967)

과실에 지방산과 식물성 기름을 처리하면 에틸렌 발생량이 단기간에 급증하며 과일의 성숙이 현저하게 촉진된다. 따라서 식물성 기름 처리를 하는 경우, 그 구성분의 지방산이 식물세포에 작용하면서 MET(메티오닌) → SAM(S-아데노실 메티오닌) → ACC(1-아미노시클로프로판-1-카르복실산) → 에틸렌을 생성시키는 경우, 혹은 지방산이 메티오닌에서 에틸렌 생성계의 반응을 자극하여 에틸렌 생성을 촉진하는 경우를 생각해 볼 수 있다. 어느 경우라도 에틸렌이 무화과의 성숙을 촉진하는 것만은 틀림이 없다.

나. 에틸렌 처리에 의한 성숙촉진

성숙 호르몬으로 알려진 에틸렌 수용액이 일본에서는 에스렐로 개발되어 있다. 현재 에스렐은 각종 과수의 숙기촉진 효과를 인정 받아 실용화되어 있으며 무화과에서도 숙기촉진 효과를 볼 수 있다.

처리는 식물성 기름 처리와 같은 시기에 에스렐을 200~400ppm의 농도로 분무해주는 방법을 쓴다. 과일의 과정부 쪽으로 반 정도의 부위에 뿌려주거나 이 부위에 3방울 정도를 떨어뜨려 주어도 된다.

에스렐 처리의 숙기촉진 효과는 식물성 기름 처리와 거의 비슷한 수준이다. 그러나 식물성 기름의 처리보다 조금 이른 시점에 해도 효과가 있다. 이 처리는 식물성 기름 처리보다 노력이 적게 든다는 장점이 있다. 그러나 처리 시기가 너무 빠르면 효과가 불완전하고 과일이 탈수, 위조되어 상품가치가 없어지거나 낙과된다. 또한 식물성 기름처럼 다시 처리할 수가 없다는 단점이 있다.

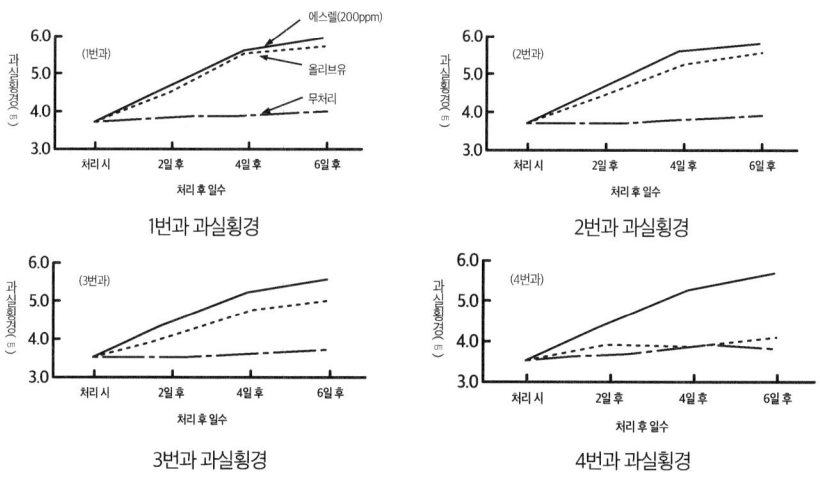

[그림 6-8] 에스렐과 올리브유 처리 후 과실 비대 효과 (奧田, 1970)

다. 지베렐린 처리에 의한 성숙촉진

지베렐린(GA3)을 과일 표면에 살포하면 숙기촉진 효과가 있다.

처리 적기는 자연성숙 25일 전인 과실생장 제2기 후반이다. 지베렐린의 농도를 20ppm으로 희석하여 식물성 기름 처리 적기에 가까운 과일의 위쪽 2~3마디에 살포한다. 숙기는 식물성 기름을 처리한 것보다 빠르고, 과일이 길어지지만 큰 문제는 없다.

식미는 자연 성숙한 과일이나 식물성 기름 처리로 성숙한 과일이나 큰 차이가 없이 양호한 편이나, 과피가 선명한 자갈색이 아닌 옅게 착색되는 것이 단점이다. 처리 시기가 빠르면 충분히 비대하지 못하고 성숙하게 되어 과일이 작다. 이 경우 과실 내부에 붙어있는 작은 꽃의 비대도 충분하지 못하며 과정부가 시들어 미성숙 과일이 증가할 수 있다.

7장
비료주기와 생육진단

 **비료주기**

가. 비료주기의 전제 조건

　비료는 토양과 뿌리를 통해 나무로 이동하며 지상부의 잎에서 광합성으로 생산되는 탄수화물과 결합하여 나무의 생장과 과실의 생산에 관여한다. 무화과나무는 비료의 종류, 비료 주는 시기 및 방법보다 토양, 뿌리, 지상부의 상태에 따른 비료주기가 생산성에 크게 영향을 준다. 따라서 비료를 줄 때 기상 조건은 물론 토양, 뿌리, 정지·전정, 열매 맺는 가지 수와 열매의 수, 나무의 저장 양분 등의 조건을 고려해야 한다. 따라서 비료를 언제, 얼마나, 어떤 계기로 주어야 하는지를 결정하는 것이 중요하다.
　무화과는 추과 수확을 위주로 재배하기 위해서 강한 전정을 하기 때문에 저장 양분을 기초로 한 비료주기가 중요하다.

[표 7-1] 수확기 식물체 무기성분 함량

- 잎

성분 지역	T-N	P$_2$O$_5$	K$_2$O	CaO	MgO	Fe	Cu	Mn	Zn
	%					mg/kg			
영암군	2.02	0.43	2.47	4.18	0.58	283	13	114	59
신안군	1.92	0.40	3.02	6.46	0.78	306	7	187	57
평균	1.97	0.42	2.74	5.32	0.68	294	10	150	58

- 과실

성분 지역	T-N	P$_2$O$_5$	K$_2$O	CaO	MgO	Fe	Cu	Mn	Zn	당도 (°Brix)
	%					mg/kg				
영암군	0.79	0.39	2.03	0.62	0.25	76	13	5	60	15.0
신안군	0.81	0.42	2.24	0.65	0.26	74	11	5	52	14.3
평균	0.80	0.40	2.14	0.63	0.25	75	12	5	56	14.7

※ 조사지역(잎과 과실) : 영암군 30점, 신안 14점(2011년 9월 하순)

나. 비료 주는 양

이론적으로 비료의 필요량은 연간 흡수량에서 천연공급량을 제외한 양이다. 무화과 성목의 연간수량을 조사한 결과(平井 등, 1961)에 의하면 10a당 100주를 식재하고 3,000kg 수량을 얻었을 때의 비료 흡수량을 조사한 결과 질소 11.25kg, 인산 5.25kg, 칼륨 15kg으로 계산되었다.

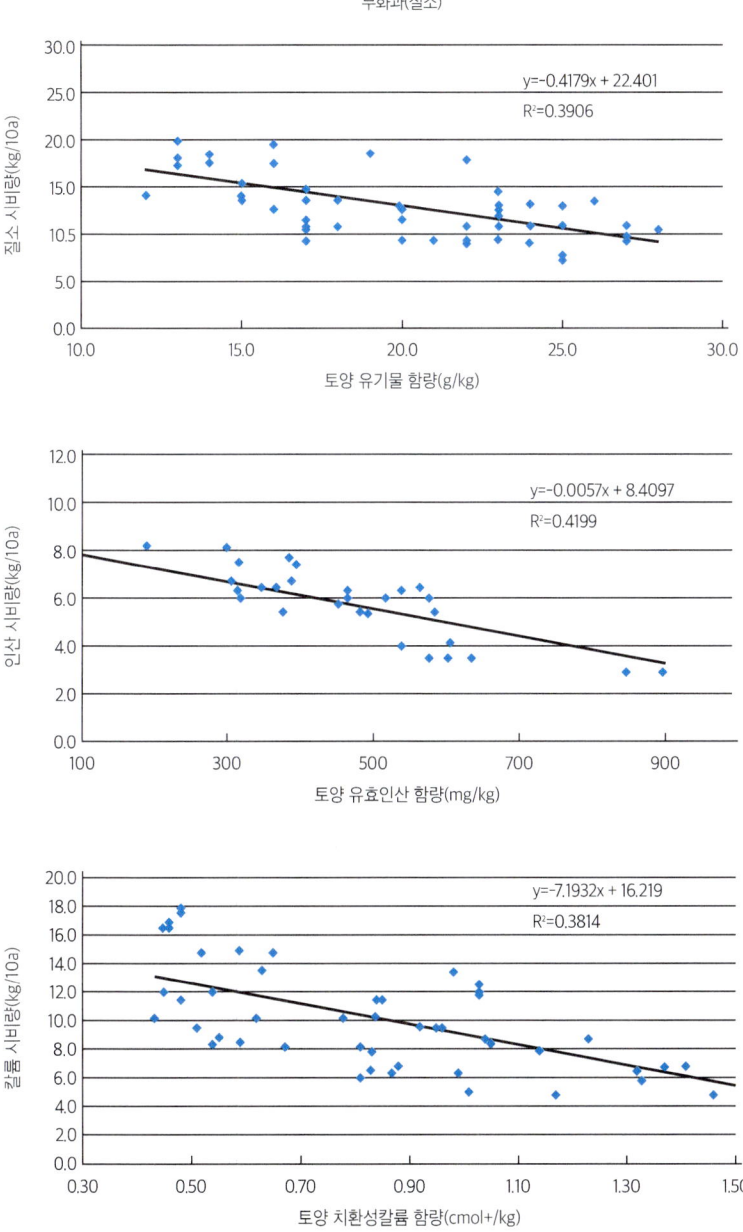

[그림 7-1] 무화과 재배지 토양양분 함량에 의한 시비량 (농촌진흥청, 2012)

각 농가의 적정한 시비량은 이론적인 계산식에 의하여 결정하여야 한다. 첫째, 기상, 토양, 수체, 재배조건에 따라 다르므로 토양검정이 필요하다. 둘째, 측정방법에도 여러 가지 어려움이 따르므로 완벽한 측정이 어렵다. 그러므로 현지 농가에서는 비료의 흡수량을 계산한 후 입지조건을 고려하여 시비량을 결정하거나, 경험에 의한 추정을 통해 결정하는 것이 좋다.

다. 비료 주는 시기

비료 주는 시기는 기상, 토양, 품종, 수령 등 조건에 따라 조금씩 다르다. 비료는 일반적으로 주는 시기에 따라 밑거름, 여름비료, 가을비료로 구분한다.

1) 밑거름

밑거름은 보통 낙엽 직후인 12월부터 다음 해 2월까지 준다. 눈이 많이 내리는 지역에서는 가을과 봄철에 나누어 준다. 무화과는 다른 과수와 다른 결과습성을 갖고 있기 때문에 비료, 특히 질소 비료의 효과가 장기간 지속되는 것이 좋으므로 유기질 비료가 바람직하다.

밑거름을 주는 때는 땅의 온도가 낮고, 강수량이 적어 비료의 분해와 흡수가 느린 시기이다. 따라서 비료 주는 시기가 빠를수록 좋다. 건조한 기간이 지속되면 비료의 효과를 높이기 위하여 관수를 해주는 것이 좋다.

2) 여름비료

7월 이후 과실의 발육 및 충실한 가지 육성을 위해 질소와 칼륨 비료 위주로 사용한다. 동일한 가지라고 할지라도 서로 다른 발달 단계의 과실이 존재하기 때문에 8월까지 2~5회로 나누어 준다. 이때 나무를 잘 관찰하여 비료가 과용되지 않도록 적정하게 사용하는 것이 중요하다.

3) 가을비료

가을비료를 주는 목적은 잎의 동화 기능을 높여 수세를 안정시키고, 이듬해 초기생육을 위하여 양분을 저장시키기 위함이다. 보통 9월부터 10월에 사용한다.

무화과 과수원에서 8월 이전에 웃거름을 주었을 때 가을거름을 생략할 수도 있다. 가을철에는 새로운 생장이 되지 않은 범위 내에서 비료를 준다.

라. 비료의 종류와 비료 주는 방법

무화과는 일반 과수와 다른 결과습성을 갖고 있기 때문에 비료를 지속적으로 공급하는 것이 바람직하다. 밑거름으로 주는 비료의 종류는 유채나 콩의 기름을 짜고 남은 유박이나 골분, 면실박 등 유기질 비료를 주는 것을 권장하고 있으며, 이를 추비로 사용하는 사례도 있다. 비료의 성분이 적정하다면 비료의 종류에 얽매이지 않고 저렴하게 구입할 수 있는 유기질 비료를 사용한다. 유기질 비료를 주된 비료로 정하고 부족한 비료는 화학 비료를 보충하여 주는 것이 좋다.

밑거름은 지효성 비료와 유기질 비료를 사용하고 웃거름으로 사용할 경우에는 속효성 비료를 사용한다. 퇴비와 계분 등은 10월에서 11월 사이에 시용하는 것이 일반적이다.

무화과는 뿌리가 토양에 얇게 분포되어 있는 천근성(淺近性) 작물이다. 따라서 한 번에 다량의 비료를 살포하게 되면 뿌리에서 농도장해를 받기 쉽다. 농도장해가 발생하게 되는 것은 토양과 비료의 종류, 시비량 등에 따라 다르다. 잦은 강우로 뿌리가 약해져 있을 경우 여름철 비료를 주는데 주의가 필요하다.

비료 주는 방법은 특별한 경우를 제외하고는 토양 전면에 살포한다. 생육 중에 경운을 할 경우에는 뿌리가 잘리는 것에 주의하여야 한다. 각 화학비료의 1회 살포량의 한계는 아래 [표 7-2]와 같다.

[표 7-2] 각종 비료의 1회 살포량의 한계 기준 (林 등, 1960) (g/3.3m^2)

토양 \ 성분	요소	용성인비	염화칼륨
식양토	150	1,100	40

2012년도 우리나라 남해안 지역인 영암, 신안, 해남, 함평군 등 4개 군의 무화과 재배지 토양의 양분 함량 실태를 조사한 결과는 아래 표와 같았다. 토양의 pH는 6.3, 토양 유기물은 20(g/kg)이었다.

[표 7-3] 무화과 재배지 토양의 양분 함량 실태 (송 등, 2012)

| 구분 | pH (1:5) | OM (g/kg) | T-N (%) | Av.P$_2$O$_5$ (mg/kg) | Ex. (cmol+/kg) | | | EC (dS/m) |
					K	Ca	Mg	
평균	6.3	20	0.13	414	1.03	8.8	2.4	1.2
표준오차	0.05	0.75	0.01	20	0.04	0.26	0.10	0.06
범위	4.4~8.4	4~74	0.30~0.05	12~2,228	0.11~3.63	0.7~26.0	0.6~14.2	0.2~5.7

※ 조사지역 : 영암군, 신안군, 해남군, 함평군 / 조사품종 : 승정도우핀

이상과 같은 결과로 수령별 표준 시비량을 결정한 결과 성목기에 도달한 8년생의 경우 10a당 질소 10.4, 인산 4.6, 칼륨 8.2kg의 비료 성분이 필요하였다.

[표 7-4] 수령별 표준시비량 설정 (송 등, 2012) (단위 : kg/10a)

| 시비 \ 수령(년) | 기비 | | | 추비 | | | 합계 | | |
	질소	인산	칼륨	질소	인산	칼륨	질소	인산	칼륨
2	1.8	1.2	0.6	0.8	0	1.4	2.6	1.2	2.0
4	3.6	2.3	1.3	1.6	0	2.8	5.2	2.3	4.1
6	5.5	3.5	1.9	2.3	0	4.3	7.8	3.5	6.1
8	7.3	4.6	2.5	3.1	0	5.7	10.4	4.6	8.2
10 이상	9.1	5.8	3.1	3.9	0	7.1	13.0	5.8	10.2

※ 조사지역 : 영암군, 신안군, 해남군, 함평군 / 조사품종 : 승정도우핀

[표 7-4]와 같이 비료는 수령별 표준 시비량을 살포한다. 10a당 질소 비료는 밑거름으로 70%, 웃거름으로 30%를 준다. 이를 2회로 나누어 7월 상순과 8월 하순에 각각 15%씩 같은 양을 주는 것이 좋다.

인산 비료는 전량 밑거름으로 사용하고, 칼륨 비료는 밑거름 30%와 웃거름 70%로 준다. 이를 2회로 나누어 7월 상순과 8월 하순에 같은 양으로 준다.

퇴비는 2월부터 3월 사이에 전량을 한번에 주는데 주는 양은 1,000~1,500kg이고, 석회는 100kg을 매년 시용한다.

일본의 비료 주는 기준을 정리하면 아래와 같다.

[표 7-5] 수령별 시비기준 (兵庫県) (10a당 75주 기준)

비료 \ 수령(년)	2	3	4	5	6	7	8	9	10
질소(N)	2.3	3.8	5.6	7.5	9.4	11.3	13.1	15.0	16.9
인산(P)	2.3	3.8	5.6	7.5	10.5	13.1	14.0	16.5	18.0
칼륨(K)	2.3	3.8	5.6	7.5	10.5	13.1	14.0	16.5	18.0

3요소 외에 특히 칼슘(Ca) 요구도가 질소보다 1.5배 높다. 알칼리성을 좋아하는 나무 특성상 매년 고토석회 비료를 10a당 100kg 정도를 재배지에 고르게 뿌려야 한다.

[표 7-6] 거름 주는 예 (영암군농업기술센터, 2001) (실량 kg/10a당)

구분	시기	유목 (2~3년생)	성목
밑거름	12월 상중순	요소10, 용인20, 염가8	요소45, 용인30, 염가15
1차 추비	6월 상순	요소3, 용인5, 염가2	요소7, 용인10, 염가4
2차 추비	7월 중순	염가8	염가8
3차 추비	8월 하순	-	요소4, 용인10, 염가2

※ 충분한 퇴비와 고토석회를 매년 12월 중에 뿌려준다.

2 비료 결핍 증상

가. 질소(N) 결핍 증상

질소가 지속적으로 결핍이 되면 뿌리의 발육이 나빠지고 뭉친다. 뿌리부는 초기에 발근 신장하나 질소가 부족하게 되면 발근이 억제되고 썩기도 한다. 또 뿌리진딧물의 피해를 받아 가지의 자람이 조기에 정지되고 노화될 수 있다.

전체적으로 무화과나무의 생장이 불량하고 잎색이 담녹색이다. 꽃눈은 분화하지만 그 수가 감소하고 과형은 정상이라도 과일의 횡경이 작고, 조기에 성숙한다. 성숙한 과일은 품질이 양호하나 성숙 시 착과 위치에 있는 잎에서 영양분이 열매로 이동하기 때문에 잎이 연해지고 상단의 과실이 낙과되어 수량이 저하된다.

질소 결핍이 심할 경우 웃거름으로 주어 다시 자라도록 하면 과실이 갈변하여 낙과되기도 한다.

유기산에 의한 피해도 이와 유사하지만 질소 결핍과는 다르게 잎색이 갈변하며 엽맥이 융기하는 속도가 빠르다.

나. 인산(P) 결핍 증상

인산 결핍 증상은 완만하게 나타나고 외관적으로 식별하기가 어렵다. 인산결핍 초기에는 잎색이 진해진다. 그런 이후에 아랫잎이 담색으로 변하면서 새로 발생하는 잎이 나오지 않으면 위조하여 낙엽이 되기도 한다. 또한 잎이 증가하지 않고 열매가지 선단의 작은 잎은 밀생하게 된다. 변형과가 생기며 과일의 단면은 비대칭 원형이 되고 햇빛을 받는 쪽의 미숙과는 미적자색의 화청소가 집적한다.

인산을 웃거름으로 주면 왕성한 새순 신장이 이루어지고 열매는 떨어지지 않고 성숙한다. 이 점이 질소의 경우와 다르다. 뿌리는 가늘고 길며 측면 뿌리의 발생을 억제한다.

다. 칼륨(K) 결핍 증상

 칼륨 결핍 증상이 나타나기까지는 오랜 시간이 걸리지만 결핍 진행속도는 빠르다. 결핍 초기에는 지엽신장이 촉진되어 질소 과잉 양상을 나타낸다. 이어서 아랫잎의 뒷면에 불규칙한 갈색의 침윤이 생기지만 표면에서는 나타나지 않는다. 급속하게 낙엽이 되며 새순 신장이 정지되는 것이 전형적인 칼륨 결핍 증상이다. 잎이 노화하고 동해를 받기 쉬우며 바가지 형태의 과일이 많이 생긴다. 뿌리의 신장이 저해되고 흑색을 띠며 약해지는 동시에 부패가 잘 된다.

라. 마그네슘(Mg) 결핍 증상

 마그네슘 결핍은 비교적 신속하게 나타나며 생육이 왕성한 잎의 선단에서 발견된다. 한 개의 가지에서도 위쪽과 아래쪽에서는 잘 나타나지 않으나 중간부위에서 위조와 황화가 일어난다. 위조와 황화는 다른 작물에서 나타나는 것과 동일하다.
 결핍 증상이 진행되면 잎자루를 제외한 잎에서 황백화가 나타나고 잎에 갈색의 대형 반점이 생긴다. 과실은 조기에 낙과하여 성숙하는 것이 적어진다. 뿌리 부분은 초기에 조금 생장하지만 결국 억제되어 빈약한 뿌리군을 형성한다.

마. 칼슘(Ca) 결핍 증상

 칼슘이 결핍되면 최상위의 잎이 급속한 백화 현상을 보인다. 이 잎에 갈색의 대형 반점이 생기면서 낙엽된다. 아랫마디의 잎은 정상이고 줄기가 흑갈색으로 위축한다. 과실은 흑색으로 변하여 떨어지고 뿌리의 신장에 저해를 받고 부패하며 유기산 냄새를 강하게 풍긴다.

바. 철(Fe) 결핍 증상

철 결핍 증상은 칼슘 결핍과 비슷하게 새로운 잎에 나타난다. 증상은 마그네슘 결핍과 구별하기 어려우나 발생 부위가 다르다. 철이 결핍되면 새순의 신장이 완만해지고 새로운 눈이 백화되어 고사한다.

과실의 발육 초기에 철이 결핍되면 백화하여 떨어지고, 발육되는 열매는 결핍 증상이 나타나지 않고 성숙한다.

사. 황(S) 결핍 증상

황 결핍 증상은 질소 결핍과 비슷하다. 전체적으로 아래쪽의 잎이 담색이 되고 잎에 갈색반점이 생기지만 잎이 잘 떨어지지 않는다. 과실의 발육이 오랫동안 생장을 중지하기 때문에 성숙이 늦어진다. 생장 중인 가지의 노화는 빠르게 진행되고 조기에 경화된다. 발생 초기에는 뿌리의 자람이 양호하지만 연한 뿌리는 잘 부러진다.

3 생육진단

가. 새순 신장 타입

새순 신장기에 가지의 자람, 전엽과 착과상태에 따라 생육을 관찰함으로써 전년도의 발아부터 지금까지 무화과나무의 영양 상태와 관리의 적정성을 판단할 수 있다. 또한 앞으로 어떤 성장을 할지에 대해서도 예측할 수 있다. 앞으로의 생육은 기상 등 여러 가지 영향을 받지만 향후 취해야 할 재배 관리의 판단이 가능하다. 새순의 신장은 기상, 토양과 비옥도, 나무의 영양상태, 재배 관리에 영향을 받아 다양한 생육이 나타난다. 수체와 과실의 새순 신장과 관련해 아래 [그림 7-2]와 [표 7-7]을 참조한다.

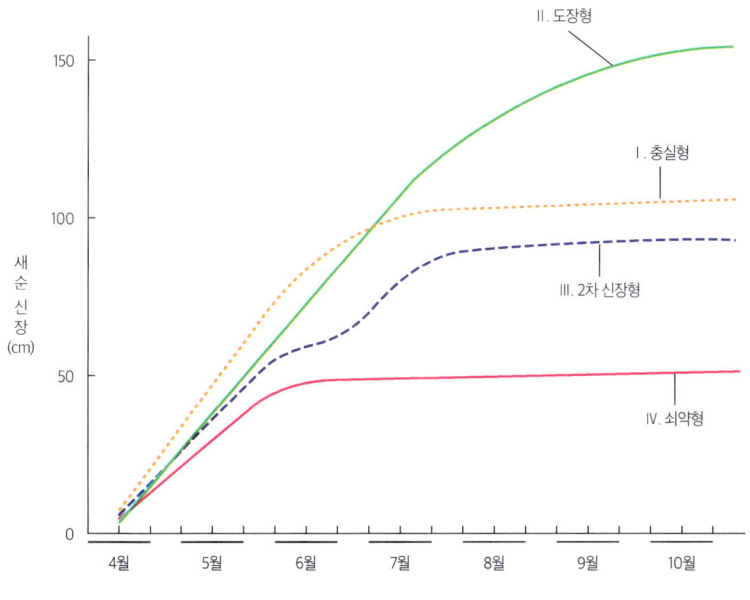

[그림 7-2] 새순 신장 그래프 (農業技術大系, 1983)

[표 7-7] 새순의 신장유형과 수체조건 및 과실생산 (農業技術大系, 1983)

타입	저장 양분	수세	최초 수확	과형	과실 품질	생산량
I. 충실형	많음	중~중강	빠름	정상	좋음	많음
II. 도장형	약간 많음	강	늦음	도장, 열과	약간 좋음~ 착색 불량	많음~중
III. 2차 신장형	적음	중~중약	중~늦음	변형과 많음	약간 불량	중~약간 불량
IV. 쇠약형	적음	약	중~늦음	편평과	불량 착색 좋음	불량

제 I 형은 충실한 나무로 4월 중순경 발아하고 생육이 왕성하며 순조롭게 잎이 나온다. 6월 상순에서 중순 사이인 양분전환기에도 생육이 정지되지 않는다. 7월 중순 이후 생장이 저하되고, 8월 상순경에는 마디 간격이 짧지만 생장한다. 수확시기인 8월 중순경에는 새순 자람이 정지된다.

제 I 형은 전년도 저장 양분이 충분하고, 뿌리가 잘 발달되어 있으며, 수세가 중간 정도에서 약간 강한 정도이다. 3월 하순부터 뿌리 활동이 시작되고 새순이 왕성하게 신장하며, 뿌리 발생도 순조롭다. 이 형의 나무는 가지 밑 부분부터 착과가 이루어지고 착과 이후 비대가 잘되며 수확 개시기가 빠르다. 또한 과실이 크고 품질이 양호하다.

제 II 형은 도장하는 형으로 새순의 초기 신장은 제 I 형보다 느리지만 관리를 잘하면 급속히 신장한다. 특히 절간 신장이 왕성하다. 7월 이후 왕성하게 신장하다 9월이 되면 신장이 정지되거나 더 느린 경우에는 10월까지 신장하는 경우가 있다. 이러한 경우 적심을 실시하는데 적심 이후에 새순이 발생한다.

또한 잎이 큰 것이 특징인데 아랫부분의 잎은 중간 정도인 데 반해 위쪽으로 올라갈수록 잎이 커진다. 잎자루가 길어지고, 나무의 내부가 어둡고 일조 자세가 나쁘다.

제 II 형은 제 I 형보다 전년도 저장 양분이 약간 적고, 뿌리의 발달도 약하다. 강하게 전정을 할 경우나 어린 나무에 많이 보이며 질소 과잉 상태에서 나타난다. 첫 번째 과일의 착과 마디가 높고, 위쪽의 마디에서 착과가 되지 않을 수 있으며 수확시기도 지연된다. 과실의 비대보다 잎의 생장에 양분을 소모하여 과실이 작아진다. 위쪽의 잎이 크기 때문에 수관 내의 일조가 나빠져 착색이 좋지 않은데 특히 아래쪽이 더 나쁘다. 또한 수확기 강우에 열과 발생이 많아진다.

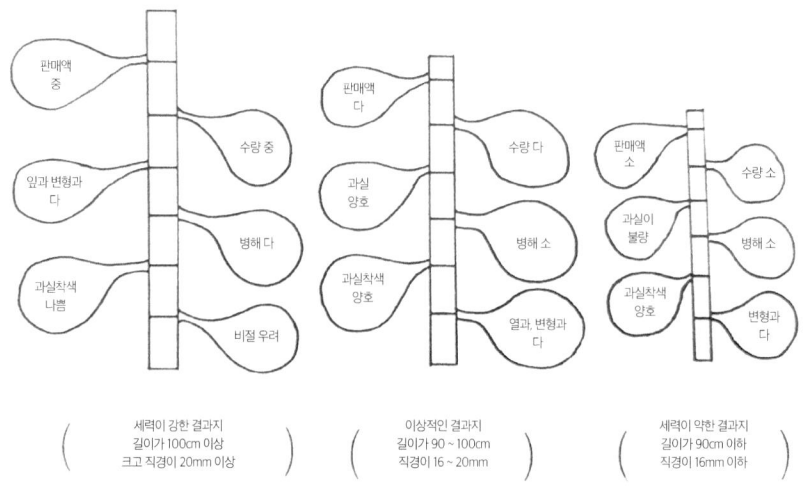

[그림 7-3] 무화과나무 결과지의 특징 (やさしいイチジクつくり, 1960)

제Ⅲ형은 2차 신장형을 보인다. 초기 신장이 나쁘고 전엽은 제Ⅰ형과 비슷하나 절간장이 짧다. 특히 6월 중순경인 양분전환기에 신장이 지연되어 새순 자람이 정지되는 경우도 있다. 7월 상순부터 신장 자람이 재개되는데 왕성하게 자라 제Ⅰ형과 같은 정도의 새순 길이로 자라기도 한다.

제Ⅲ형은 늦여름부터 조기에 낙엽이 된 후 가을에 다시 새순이 자라는 형으로 뿌리에 저장 양분이 부족하거나 과도하게 뿌리가 잘려진 경우에 발생한다.

제Ⅲ형의 경우 특히 아랫마디에서 양분전환기에 착과가 되지 않은 경우가 발생하며, 비록 착과가 되었다 할지라도 변형과가 생기기 쉽다. 수확시기도 늦어지고 과실의 품질이 나빠진다.

제Ⅳ형은 쇠약형으로 초기 생육이 나쁘고 특히 절간이 짧다. 새순 신장은

6월 중순부터 하락하기 시작하여 7월 중순경에는 새순 신장이 정지되는데 결과지의 길이가 30~40cm 정도로 짧다. 잎 수가 적고 잎색이 짙으며 잎자루가 짧은 것이 특징이다.

제Ⅳ형은 저장 양분이 적고 뿌리의 발육상태가 불량한 재배지에서 나타난다. 수령이 오래된 늙은 나무나 뿌리혹선충이 기생하여 뿌리에 장해를 주는 경우, 질소성분 부족, 습해를 받은 나무에서 발생한다. 제Ⅳ형에서 생산되는 과실은 착과가 잘 이루어지지 않으며 작고 평평하게 생긴 과일이 발생된다.

나. 생육 단계별 진단 요령

1) 새순 신장기

이 시기에는 전년도에 뿌리에 저장해둔 영양분으로 생장한다. 지난해 저장 양분이 많을수록 새순이 충실하게 생장한다. 새순의 아랫줄기 기부 부분이 크고 아랫부분의 잎이 떨어지지 않는다. 새로운 뿌리가 왕성하게 발생하고 새순이 자라고 있기 때문에 과습과 건조를 피하도록 한다.

2) 양분전환기

전년도에 저장해둔 저장 영양분과 새로 발생한 잎에서 광합성에 의하여 얻어진 동화 양분을 사용하는 시기다. 6월 중순경에는 새순의 절간이 8~10절에 도달하는데 이 시기가 양분전환기에 해당된다. 이 시기에 저장 양분이 부족해지면 일시적으로 생장이 정지된다. 이런 상태의 새순은 8~10절의 절간장과 잎 그리고 잎자루가 짧아진다. 착과되지 않은 마디가 생기고 착과가 되더라도 과일이 작거나 변형된 과일이 발생한다. 이러한 경우 2차 신장을 하게 된다.

3) 신장 정지기

7월 하순부터 8월 중순은 새순의 자람이 정지되는 시기이다. 낙엽과수의 대부분은 6월 중순에 새순의 신장이 정지되나 무화과는 다른 과수와 달리 신장이 정지되는 시기가 늦다.

과실의 크기는 아랫마디에서 착과된 과일이 크고 위쪽 마디로 갈수록 작아지는 것이 일반적이다. 특히 이러한 경향은 신장 정지가 빠르고 결과지가 도장하는 나무에서 발생한다. 영양이 충실한 나무에서는 8월 상순 이후 조금은 자랄 수 있지만 8월 중순에는 자람이 정지되는 것이 좋다. 이런 나무는 결과지의 윗마디에서도 과일이 크게 자라고 품질이 좋다.

4) 질소영양 진단

저장 양분과 뿌리의 생육상황에 특별한 문제가 없을 경우 새순의 신장과 잎의 크기, 색상 등을 관찰하여 질소의 과다를 판단할 수 있다.

새순의 잎이 크고 절간과 잎자루가 길면 질소비료가 충분하고, 반대로 새순의 잎이 작고 절간과 잎자루가 짧다면 질소 부족을 생각할 수 있다. 따라서 이러한 관찰을 바탕으로 웃거름을 줄 것인지 판단한다.

현재 질소 비료의 과부족은 잎의 색깔로 판단이 가능하다. 잎이 암녹색부터 농녹색이면 질소가 과다하고, 담녹색(밝은 녹색)이면 질소가 부족하다. 그러나 이러한 판단은 결과적으로 질소의 과부족을 판단하는 것이지, 토양의 질소량을 알 수 있는 것은 아니다. 질소는 토양의 습도와 기상요인 등을 고려한 판단이 필요하다.

다. 착과상태 진단

새순의 신장과 잎의 크기, 색상 등과 함께 과일의 착과 상태를 관찰하여 나무의 영양 상태를 진단할 수 있다.

1) 꽃의 분화 과정

꽃눈 분화는 새순의 신장과 함께 일어난다. 5월 중순 새순의 기부부터 순차적으로 각 절간에 2개의 생장 원추체가 형성된다. 1개는 잎눈 또 다른 1개는 꽃눈으로 분화한다.

1번과는 5월 하순 액아부에 화탁이 분화하기 시작한다. 발아부터 약 45일 후인 6월 상순경에는 과경이 3mm까지 발달하여 열매가 형성된다. 보통 새순의 생장 기부 1~2절을 제외한 절간 아랫마디부터 과실이 착생하여 성장한다. 착과하는 속도는 마디에 따라 다소 다르지만 3~5일 정도가 지나면 1개의 열매가 순차적으로 착과된다.

생장 원추체부터 착과 과일의 직경이 2mm 정도 되는데 약 10~20일이 소요된다. 나무의 영양조건이 나쁘면 생장 원추체가 1개만 발생하는데 이것이 잎눈이다. 생장 원추체가 2개 형성되어 생장과정에서 영양조건이 나빠지거나 온도가 33℃ 이상으로 높아지는 시간이 길어지면 화서의 생장 원추체가 생장을 정지하게 된다. 이때 어린 열매가 붙어 있는 곳에서 떨켜가 형성되어 어린 과일이 떨어지게 된다. 일시적으로 영양 상태나 기상이 비정상적으로 높아지면 착과된 열매라 할지라도 변형과가 많이 생긴다.

[그림 7-4] 착과 단계별 생육상태

2) 아랫마디부터 중간마디(1~10마디) 착과불량

　노지재배 무화과의 경우 1~2마디는 물론 3~5마디에서, 심지어 7번째 마디까지 착과가 되지 않은 경우도 있다. 이는 어린 나무이거나 강한 전정, 과잉 시비가 된 경우에 일어나기 쉽다. 또한 태풍이나 습해 가뭄 등에 의해 조기낙엽이 되거나 뿌리혹선충에 감염된 경우에도 볼 수 있다. 기본적으로 저장 양분이 부족한 것이 원인이다. 발아 이후 과도한 강수나 건조로 인하여 새 뿌리가 고사하거나 낙엽이 발생되어 착과되지 않은 원인으로 작용한다.

3) 중간마디(10마디 정도) 이상에서의 착과 불량

　6월 상중순의 양분전환기 이후 생장 원추체(화탁)가 형성될 때 10마디 이후까지 착과되지 않거나 변형과가 발생하기도 한다. 아랫마디부터 중간마디(1~10마디) 착과불량과는 기본적으로 원인이 동일하다. 양분전환기에 저장 양분과 동화 양분의 전환이 잘 되지 않은 데다 그해의 생장 자체가 양분전환기 이후 불량한 경우가 많다. 이는 전년의 저장 양분이 적거나 동화 양분과 비료 부족 등으로 인하여 잎과 뿌리의 생장에 필요한 양분이 충분하지 않았던 것과 뿌리가 순조롭게 생육하지 못하는 토양 조건인 과습과 건조가 원인이다.

8장
토양관리

1 생육과정별 토양관리

무화과의 생육과정별 주요 토양관리는 [그림 8-1]과 같다. 뿌리군이 활동을 시작하는 지온은 12℃ 전후로 3월 하순부터 시작한다. 3~4월 사이에 완만하게 지온이 상승하면 새순이 급속하게 신장하여 5월 중순부터 뿌리의 활동이 급격하게 왕성해진다. 6월 중순에는 최고치에 도달하고 그 후에는 과실이 비대해지면서 새순의 신장이 저하된다. 이와 함께 뿌리의 신장량과 신장수가 감소하기 시작하여 8월 상순의 고온기간에는 뿌리 활동이 일시 정지 상태에 이른다.

9월 상순부터 신장량이 적게나마 재활동을 시작하는데, 지온이 10℃ 이하로 내려가는 12월 상순에는 뿌리의 활동이 완전히 정지한다.

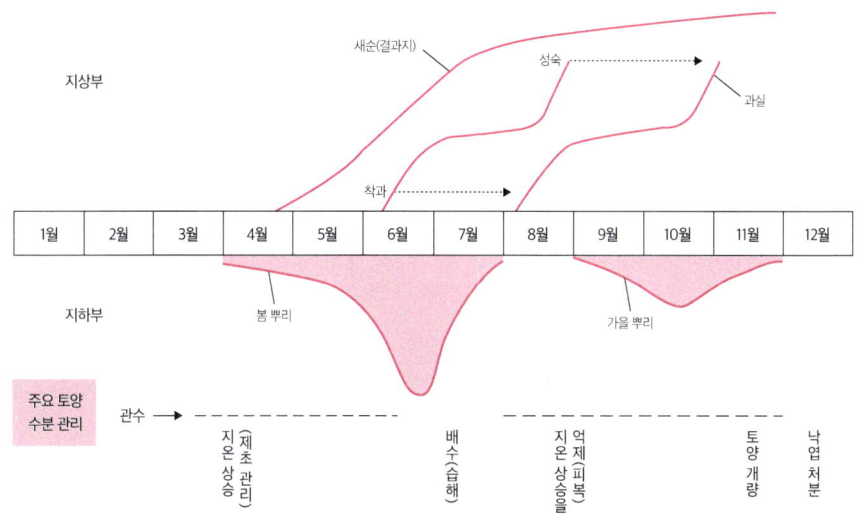

[그림 8-1] 생육과정의 토양과 수분관리 (農業技術大系, 1983)

위와 같은 뿌리의 활동에 대하여 토양관리 측면에서는 다음 사항에 유의하여야 한다. 이른 봄 지온을 최대한 상승시키는 노력을 하여야 하며 4월과 5월에는 토양이 건조해지는 것을 방지한다. 또한 강우기에 지하수위의 상승과 정체에 대하여 배수대책이 필요하다. 여름철 지온의 상승을 억제하여 뿌리의 노화를 방지하고, 관수를 통하여 토양의 건조를 방지하고 가을 뿌리 신장을 촉진시켜야 한다. 또 가을~동절기의 토양건조 방지와 토양개량에 노력해야 한다.

2 토양개량

가. 토양 조건

무화과나무는 반교목성으로 뿌리의 산소 및 수분요구량이 높기 때문에 배수가 잘되고 보수력이 좋은 토양이 적합하다. 또한 산성토양에서는 생육이 떨어지므로 중성에서 약알칼리성 토양이 적합하다. 칼슘은 질소량의 1.5배를 흡수하는 과수로 다른 과수보다 칼슘의 흡수가 많은 편에 속한다. 칼슘은 토양에 반응하여 토양산도를 교정하며 무화과나무의 영양분 측면에서도 매우 중요하다.

경작 예정지의 지하수위가 높거나 토심이 얕은 토양에서는 천근성 과수인 무화과나무가 잘 자라지 않고 수령이 짧아져 적정한 재배지가 되지 못한다.

[표 8-1] 6년생 무화과의 뿌리 분포 (平井 등, 1961) (g)

깊이(cm)	특대근	대근	중근	소근	세근	합계
0~30	487.0	605.0	341.5	264.0	138.5(50.4)	1,386.5(56.7)
30~60	-	171.0	376.5	433.0	78.0(28.4)	1,078.5(33.3)
60~90	-	-	20.0	230.5	50.0(18.1)	300.5(9.3)
90~120	-	-	7.0	7.5	2.9(2.9)	22.5(0.7)
합계	487.0	776.0	745.0	935.0	324.5(100)	3,280.0

나. 화학적 개량

무화과 과수원에서는 밑거름을 시용하기 전에 석회, 고토석회 등의 개량자재를 적은 곳은 10a당 30kg, 많은 곳은 150~200kg, 보통은 100kg을 시용하고 있다. 밑거름으로는 유박, 퇴비 등 다양한 유기질 비료를 토양 표면에 다량 시용한다. 따라서 적어도 표층은 pH, 치환성염기, 유효인산 등이 부족하기보다는 각종 성분이 과용되어 있는 경향마저 있다.

한편 하층토양에서는 석회의 토양 이동이 적기 때문에 pH가 낮고, 다른 영양성분도 대체로 적다. 그러므로 깊이갈이, 자재의 투입, 표토와 심토의 혼합 등을 통해 물리성을 개선하는 것이 필요하다.

다. 물리성 개선

무화과나무는 천근과 밀식 때문에 단근을 우려하여 깊이갈이가 거의 이루어지지 않고 있다. 하층토양은 100여 일이 넘는 기간 동안 수확작업으로 답압이 되어 토양물리성이 악화된 경우가 많다.

무화과나무는 토양경도 24mm에서 뿌리량이 현저하게 감소한다. 28mm 이상에서는 신장이 더디고 신장하던 뿌리가 부패하기도 한다.

밭 토양에서는 다소 단근이 되더라도 배수를 겸한 부분의 깊이갈이를 연차적으로 계획을 세워 실시하는 것이 좋다. 표층은 퇴비와 밑거름을 시용한 다음 경운한다. 경운을 하는 경우 뿌리의 단근은 20% 이내가 된다.

지하수위가 높은 곳에서는 지하수위 보다 깊게 깊이갈이를 하면 오히려 물이 정체되어 악영향을 줄 수 있으므로 주의가 필요하다. 따라서 지하수위가 높은 곳에서는 새흙넣기가 필요하다.

 표층의 관리

토양표층 관리법은 크게 청정관리, 초생재배, 멀칭으로 나눈다.

유효토심이 깊고 배수가 잘 되는 토양에서는 다른 과수에 준하여 토양관리를 한다. 그러나 답 전환 과원에서 토심이 얕은 토양의 경우 표층 경운을 통한 청경관리는 단근이, 초생재배는 양수분의 경합이 문제가 된다. 이러한 과원의 토양은 제초제를 사용한 청정관리나 멀칭을 하는 것이 적당하다.

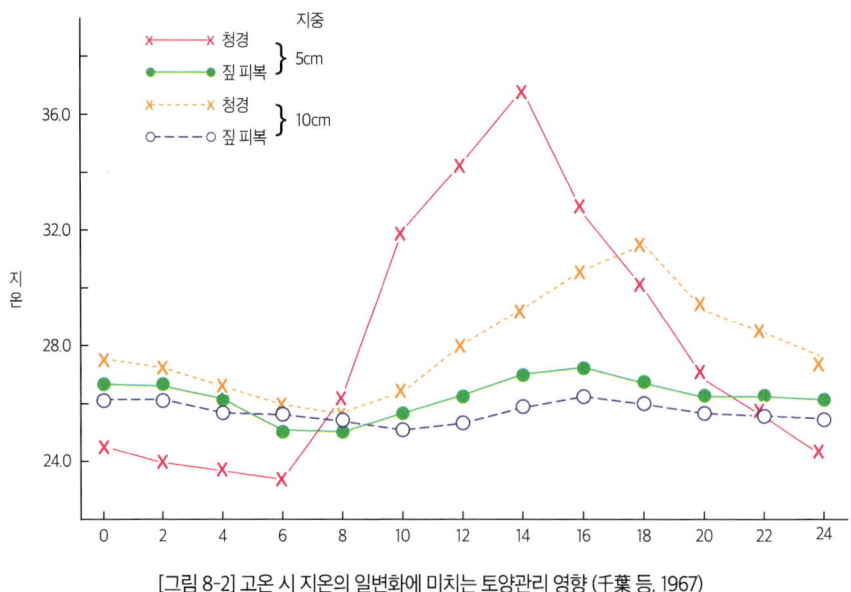

[그림 8-2] 고온 시 지온의 일변화에 미치는 토양관리 영향 (千葉 등, 1967)

　　짚 피복은 [그림 8-2]와 같이 여름철 지온 상승과 토양 표면의 증발을 억제하여 토양 건조 방지[표 8-2], 잡초 생육억제, 답압 완화, 표토 유실 방지 등의 역할을 한다. 또 빗방울이 땅위로 튀어 오르는 것을 방지하는 효과도 있다. 이를 통해 역병 발생을 억제하고 유기물을 공급할 수 있어 무화과 과원의 관리법으로는 최적이라고 할 수 있다. 최근에는 짚을 구하기가 어려워 일부에서는 검은 부직포나 비닐필름을 피복하기도 한다. 피복 재료의 양은 10a당 1.5~2t 정도가 필요하다.

[표 8-2] 피복의 토양증발량 억제효과 (千葉 등, 1974)

측정일(월.일)	증발량(mm/일)		A/B×100(%)
	청정구 A	피복구 B	
7.7	0.92	0.37	40.2
7.9	1.55	0.31	20.0
8.15	0.46	0.09	19.6
8.17	0.35	0.10	28.6
9.27	1.09	0.35	32.1
9.28	0.91	0.19	20.9

 이른 봄에 피복을 하면 지온 상승이 억제되어 초기 생육이 지연되며 서리피해와 저온장해가 발생하기도 한다. 또한 여름철 장마기에 비닐피복이 된 재배지는 나무에서 뿌리가 지상부 표면에 분포하게 되어 겨울철 뿌리 동해, 봄철 건조기 가뭄피해를 심하게 입을 수 있다. 과습이 지속되는 경우에는 습해를 입어 나무가 고사하는 경우가 자주 발생하여 현재는 검은 부직포를 이용하여 피복하고 있다.

 따라서 피복 시기는 피복 효과, 재료 구입 시기 등을 고려하여 정하는 것이 좋다. 또한 추위피해 우려가 있는 곳에서는 겨울에서 이른 봄에 멀칭을 제거해 주는 것이 좋다.

 한편으로 무화과나무의 새뿌리가 갈색으로 변하여 굳어지는 데는 5월 중순에는 약 1개월, 6월 중순에는 7~10일, 7~8월에는 2~3일이 소요된다.

4 배수와 수분관리

 무화과재배는 토양수분 관리가 매우 중요하다. 무화과는 복숭아처럼 뿌리의 산소 요구도가 높고 내수성이 약하기 때문이다.

 무화과나무의 뿌리는 토양이 침수상태일 때에는 호흡에 필요한 산소가 적어지므로 침수 후 2~4일이 지나면 생육 저하로 시든다. 침수가 오래 지속되면 토양 중에 유해 환원물질이 생성되어, 가는 뿌리는 물론 굵은 뿌리도 고사한다.

[표 8-3] 토양수분 함량과 각종 과수의 생육관계 (森田 등, 1955)

구분		무화과	배	복숭아	감	포도	매실
잎의 위조		12%	9	7	9	5	8
지상부 신장 정지		15	15	15	10	10	10
적정한 수분 함량		30~40	30~40	20~40	20~40	20~40	20~40
토양수분 20%	지상부	×	○	△	△	□	○
	지하부	○	○	□	□	●	□
토양수분 40%	지상부	●	□	●	●	○	●
	지하부	●	△	●	●	△	●

※ 토양수분 함량 30%구에 대비한 신선도 표시 그림
　×, 0~25%,　○, 0~25%,　△, 0~25%,　□, 0~25%,　●, 0~25%

지하수위가 높은 곳이나 강우기에 지하수위가 높아지면 습해를 받게 되므로 뿌리는 점점 얕게 분포하게 된다. 얕은 뿌리는 여름철의 고온건조기가 되면 쉽게 가뭄피해를 받아 강우 후 조기낙엽이 된다. 주지에서는 일소 피해에 의한 장해가 발생하여 수세가 쇠약해지는 것도 습해에 의하여 조장된 경우가 많다.

그러므로 충분한 배수대책이 필요하다. 기본적으로 암거배수 시설을 설치하고, 지표수는 신속하게 과수원 바깥쪽으로 배수처리하며 밭에서는 적당한 명거배수 시설이 필요하다.

무화과나무는 잎이 크기 때문에 여름철 고온건조기에 엽면에서 증산작용이 많아져 수분요구량이 높아지는 과수다. 이와 관련하여 [표 8-3]을 참고한다. 토양수분이 부족해지면 새순의 신장이 억제되고 조기에 낙엽되어 과실 생산량과 품질이 저하되며 일소장해가 발생하면 수세가 약해진다.

보수력이 좋은 과수원에서도 여름철 고온건조기에는 관수가 필요하다. 사질토양이나 지하수위가 높고 뿌리가 얕게 분포하는 토양은 5~7일 간격으로 관수하여 준다.

9장
생육단계별 관리

 **휴면기 ~ 맹아기·새순신장기 관리**

가. 기상변동의 대응방안

1) 늦가을부터 이른 봄의 동해

　무화과는 내동성이 약하다. '승정도우핀'의 경우 휴면이 시작되는 온도는 10℃ 전후이지만 수액이 이동하기 시작하는 맹아기(싹이 돋아날 시기)에는 내동성이 급격하게 약해져서 -2℃ 이하에서 대부분 고사하는 경우가 많다. 서리가 내리는 날씨에는 이보다 낮은 온도에서도 동해가 발생한다.

　낙엽이 지고 난 늦가을과 이른 봄의 갑작스러운 추위에 의한 동해는 거름기가 많은 재배지에서 많이 발생한다. 고온현상으로 늦게까지 휴면상태에 이르지 못한 것이 원인이 되기 때문에 과비를 억제하고, 토양수분 관리를 철저히 하여 충실한 수체를 만드는 것이 중요하다.

2) 동해 증상

동해가 발생하면 싹이 나오지 않고 가지 전체가 갈색으로 변하면서 죽는다. 성목은 발아가 되지 않고 줄기 뒷면이나 결과모지의 분지부, 결과모지 아랫면에 균열이 오면서 붉은 곰팡이나 검은 곰팡이가 생겨 고사한다. 이때 형성층이 말라 죽어 쉽게 껍질이 벗겨지고 목질부가 노출된다.

고사된 부위에는 수간해충이 비래하여 수피 하부를 가해하고 상흔을 만들며 점차 확대되어 지상부까지 퍼지게 된다.

[그림 9-1] 동해 증상

3) 동해에 강한 품종

'바나네', '봉래시'는 '승정도우핀'보다 동해에 비교적 강하다. 일문자 수형은 주지가 높아 늦서리 피해를 덜 받는다. 그러나 잎이 나온 후에는 저온에 의하여 새싹이 고사하는 등의 피해를 받을 수 있다. 따라서 무화과를 재배하고자 할 경우 냉기가 정체하는 곳은 피한다.

4) 동해 대책

① 흰색 도포제 도포

무화과에 동해가 발생했는지는 초봄이 되어서야 알 수 있다. 언제 피해를 받았는지 구체적으로 알 수는 없으므로 휴면기간에 방한대책을 세워야 한다. 어떻게든 나무를 감싸 보온한 재배지에서는 피해가 심하지 않은 것을 볼 수 있다. 또 몇 년에 한 번씩 나타나는 동해 지역에서는 그 영향이 수년에 미칠 수 있다.

12월 이전에 흰색 도포제를 나무에 도포하거나 보온자재를 이용하여 보온한다. 흰색 도포제를 발랐다고 하더라도 비바람에 노출되어 얇아진 경우에는 3~4월에 다시 칠할 수도 있다.

② 보온자재를 이용한 피복

짚이나 알루미늄 필름을 피복하는 방법도 있다. 4~5cm 두께의 짚 등으로 보온·피복해주면 피복하지 않은 것보다 2~4℃의 보온효과가 발생한다.

짚과 비닐혼합 보온   알루미늄이 증착된 호일 피복법

[그림 9-2] 짚 피복과 알루미늄 설치 방법 (眞野隆司, 2015)

반사자재인 알루미늄 증착필름을 이용하면 저온이 왔을 때 보온도 되고 하루 동안 내리쬐는 직사광선에 의한 급격한 온도상승을 억제하는 효과가 있다. [그림 9-2]에서 보는 바와 같이 지주의 윗면에 피복하는데, 아랫면은 개방되게 한다. 필름과 나무가 직접 닿으면 좋지 않기 때문에 그림과 같이 조치를 한 다음에 피복하면 된다. 짚으로 피복하는 것이 효과가 더 높지만 알루미늄 필름의 피복작업이 용이하다. 이 두 가지를 병행하여 어린 나무에 사용하면 효과가 높아진다.

③ 투명비닐 피복의 역효과

피복자재로 투명비닐을 사용해서는 안 된다. 이를 사용할 경우 낮에 피복한 지점 내 온도가 상승하여 오히려 생육이 진행될 수 있어 동해의 위험성이 더욱 늘어난다.

5) 피복재료 제거 시기

지역에 따라 차이가 있지만 보온 피복해 둔 재료는 서리가 끝나는 시기에 제거하는 것이 좋다. 제초를 겸하여 벗긴 짚 등을 지표면에 깔아주는 것은 좋지 않다. 이는 지온을 낮추고 왕바구미 등의 서식처가 될 수 있기 때문이다.

6) 동해 발생 포장 관리

① 어린 나무(유목)

어린 나무가 동해를 받으면 지상부 전체가 고사하는데 대부분 지하부는 살아 있다. 이럴 때에는 기다리면 지하부에서 새순이 다시 발생하니 생육이 좋은 새순만 남겨두고 제거하여 다시 키우면 된다. 이렇게 자란 새순은 도장지로 생육하여 곁순이 많이 발생하는데 적정하게 제거하고 키우면 얼마만큼의 수량을 얻을 수 있다.

② 성목

성목이 동해를 받으면 건전한 눈이 있는 곳까지 남기고 잘라 버린다. 시간이 지나 주지의 위쪽 면에 균열이 발생하면 나무좀벌레가 산란할 수 있으므로 살충제나 살균제를 함유한 도포제를 바른다(眞野隆司, 2015).

나. 발아와 착과조절

무화과는 한 마디에 한 개의 잎과 과일이 달리는 것이 기본이다. 다른 과수처럼 적과가 필요 없다. 하지만 고품질 과일을 생산하기 위하여 적정한 결과지를 얻으려면 발아된 새순을 조절해야 하는데 이를 순 솎기라고 한다. 순 솎기는 저장 양분의 소모를 줄이기 위해 빨리 실시해야 한다.

[표 9-1] 순 솎음 시기 (眞野隆司, 2015)

순 솎는 횟수	시기		수세
	전개된 잎 수(엽)	초장(cm)	
1회	2~3	5~6	모든 나무
2회	5~6	10~15	중~중강
3회	8~9	30~40	강

[표 9-1]에서 보는 바와 같이 잎이 2엽이나 3엽으로 전개되면 모든 나무에서 적절한 새순을 남기고, 수세가 중간 이상인 나무는 2회, 수세가 강한 나무는 3회에 걸쳐 순을 솎아준다. 수세가 강할수록 맹아 발생량이 많아지기 때문이다.

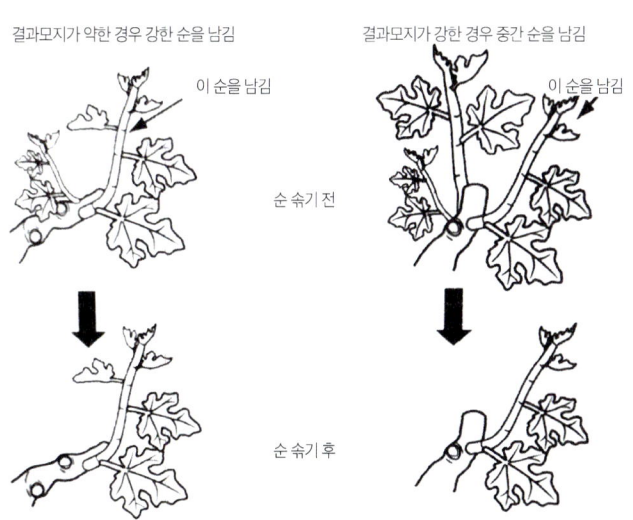

[그림 9-3] 수세별 순 솎기 (眞野隆司, 2015)

| 발아 시 | 발아 중 | 전엽 |

[그림 9-4] 발아 진행 상태

새순을 솎을 때에는 필요한 결과지 수를 남긴다. 생육이 나쁘거나 웃자란 새순을 제거하고 중간 정도를 남겨야 생육이 일정해지고 착과마디도 일정한 마디에서부터 착과되기 때문이다. 생육이 나쁜 순이나 웃자란 새순을 남길 경우 생육이 왕성한 가지에서 영양분을 빼앗으므로 착과되지 않은 결과지가 생길 수 있고 너무 왕성한 결과지는 착과가 잘 이루어지지 않는다.

1) 결과지 배치

'승정도우핀'이 일문자 수형일 경우 주지상 결과지 간격은 40cm, 양측을 20cm 간격으로 교호배치한다. 비옥한 토양에서는 50cm에 25cm 간격으로 배치하는데 결과지 간격이 정밀할 수 없으므로 1m에 4개에서 5개의 결과지를 교호로 배치한다.

2) 순 솎음

① 기부의 순은 제거한다.

② 결과모지에서 발생한 정상적인 새순을 이용한다. 부정아나 맹아는 착과가 지연되고, 전년도에 생긴 짧은 가지(추아)에서 나온 새순은 빨리 나오지만 훗날 생육이 불량해지기 쉬우므로 제거한다.

③ 결과모지에서 발생하는 새순이라도 결과모지의 아래쪽이나 위쪽에서 발생한 새순은 제거한다. 그러나 수세가 약한 나무나 수관이 형성된 나무는 주지 선단부의 위쪽 새순을 남겨 생육을 촉진시킨다.

④ 결과지의 공간적 배치를 고려하고 결과모지의 간격을 넓히는 방향에 있는 측면의 새순은 남긴다.

⑤ 굵은 결과모지에서 나온 새순은 세력이 강하기 때문에 기부 근처의 아래쪽 측면에 있는 순을 남긴다.

⑥ 지제부에서 발생하는 새순은 해충의 은신처가 되고 제초작업 등에 어려움을 주므로 제거한다.

3) '승정도우핀' 눈 속기

① 2~3엽 전개

평덕식 수형에서 결과모지가 덕에 수평으로 유인하면 많은 새순이 발생하기 때문에 '승정도우핀'이 아니라도 새순이 2~3엽 전개되면 눈 속기를 실시한다. 결과모지가 길면 2~3개, 중간 정도이면 1~2개, 결과지가 짧으면 1개를 남긴다.

② 정아의 기부에서 발생하는 순

새로 발생하는 새순 중에서 정아 1개를 남기고 그 외의 상·하의 새순은 제거한다. 옆 눈에서 발생하는 새순은 20cm 간격으로 좌우 교호배치한다. 또한 결과 부위가 상승하지 못하도록 기부의 새순 1개를 필히 남긴다.

③ 새순은 평덕 1m²에 5~6본 남기기

　결과지를 많이 남기면 수량이 높을 것으로 생각하기 쉽지만 새순이 혼잡하게 되어 수량은 증가해도 일조가 나빠져 착색에 안 좋고, 당도저하와 함께 성숙이 지연된다. 10a당 새순 수는 5,000~6,000개 정도가 적당하다.

④ 순의 조만과 수세 조절

　'승정도우핀'의 경우 수세가 약한 나무는 조기에 소정의 새순을 남겨 자람을 촉진시킨다. 반대로 수세가 강한 나무는 새순 제거 시기를 늦추고 여러 차례에 나누어 새순을 제거해 웃자람을 방지하여야 한다.

　하과는 결과모지 선단부에 4~5개가 착생되는데 이보다 더 많은 양이 착과되어 있으면 추과의 성숙기가 지연되며 소과가 생산된다. 생리적 낙과가 종료되면 결과지당 1~2개를 남기고 적과한다(栗村光男).

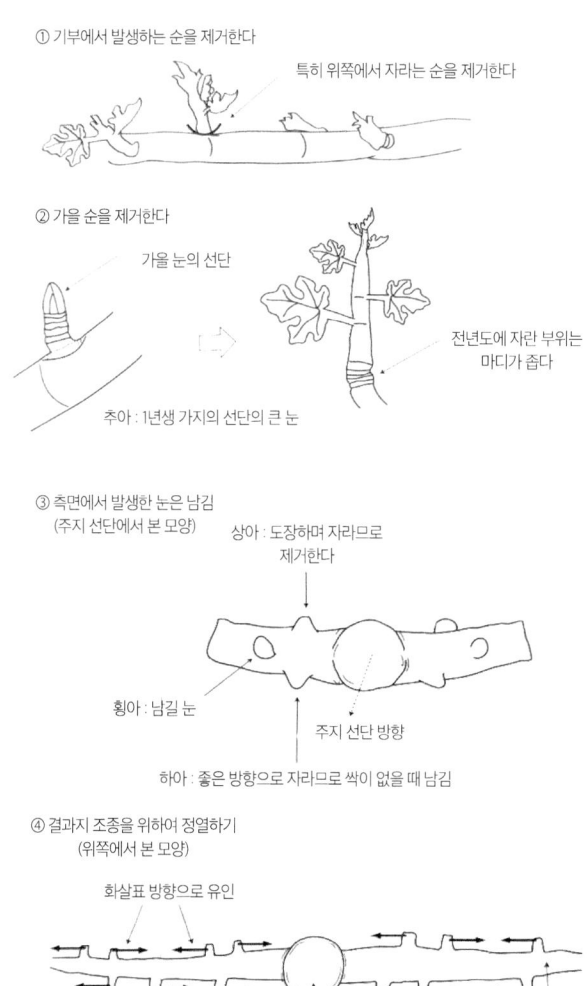

[그림 9-5] '승정도우핀' 품종의 눈 솎는 방법 및 결과지 간격 조정 (眞野隆司, 2015)

| 적심 전 | 적심 후 |

[그림 9-6] '승정도우핀'의 순 고르기 전과 후

다. 새순관리(유인, 적심, 곁순처리)

1) 결과지 조기유인

　새순이 발생하면 적정한 새순만 남겨 결과지로 이용하는데 그 자체로 고품질 과실이 생산된 것이 아니다.

　'승정도우핀'은 개장성으로 가지가 처지므로 조기에 유인하지 못하면 통로에 쓰러져 작업이 어렵고 곁순이 발생하며, 결과지 아랫부분의 일조가 나빠진다. 또한 바람에 흔들리면서 어린 과일에 상처를 주는 것을 방지하기 위하여 10매 정도의 전엽이 되는 시점부터 유인하여 준다.

2) 하계전정과 적심

　생육이 양호한 무화과의 결과지는 7월 이후까지 신장하면서 착과도 이루어진다. 과실이 성숙하려면 적정온도에서 75~80일이 소요된다. 그렇기 때문에 늦게 착과된 과실은 늦가을 저온으로 수확하지 못한다. 여분의 잎과 새순에 이용할 양분을 불량한 과실이 이용하여 비대와 숙기촉진에 악영향을 미치므로 적심을 해준다. 적심은 과번무를 억제하고 하단의 과실에 일조를 좋게 하는 결과를 얻을 수 있다.

적심마디는 18마디 전후인데 최근에는 22마디까지도 가능하다. 적심은 [그림 9-7]과 같이 전엽되지 않은 선단의 생장점 부근을 자른다. 어느 마디에서 적심을 하느냐는 가을이 오는 시기에 따라 지역마다 다르다. 일반적으로 서리가 내리기 전까지 무화과를 수확하는데 가을에 가까워질수록 저온이 지속되므로 서리가 내리기 90일 전에 적심하는 것이 적당하다. 예를 들어 11월 10일 전후에 서리가 내린다고 예상하였을 경우 90일 전인 8월 10일경을 적심시기로 예상할 수 있다.

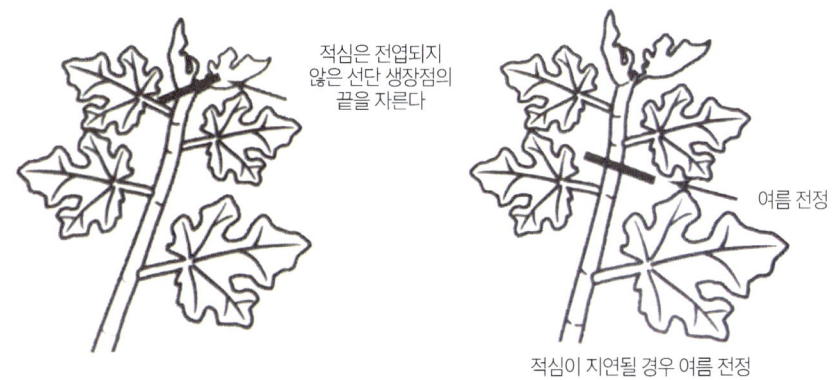

[그림 9-7] '승정도우판'의 적심과 여름 전정 (眞野隆司, 2015)

3) 선단부 곁순제거

적심을 하고 나면 결과지의 선단 부근에서 곁순이 발생하게 된다. 세력이 강한 나무는 5개 이상의 곁순이 나올 수도 있다. 그대로 두면 적심하지 않은 것과 마찬가지로 상단부가 무성해져 과번무 상태가 되므로 일찍 곁순을 제거해 준다. 이때 가지에서 나온 곁순의 밑 부분까지 순을 따준다. 이렇게 세력이 강한 나무는 계속해서 곁순이 나올 수 있으므로 영양분의 분산을 위하여 제일 위쪽에서 나온 곁가지는 그대로 두었다가 2~5마디에서 [그림 9-8]과 같이 재적심해주면 세력이 안정된다.

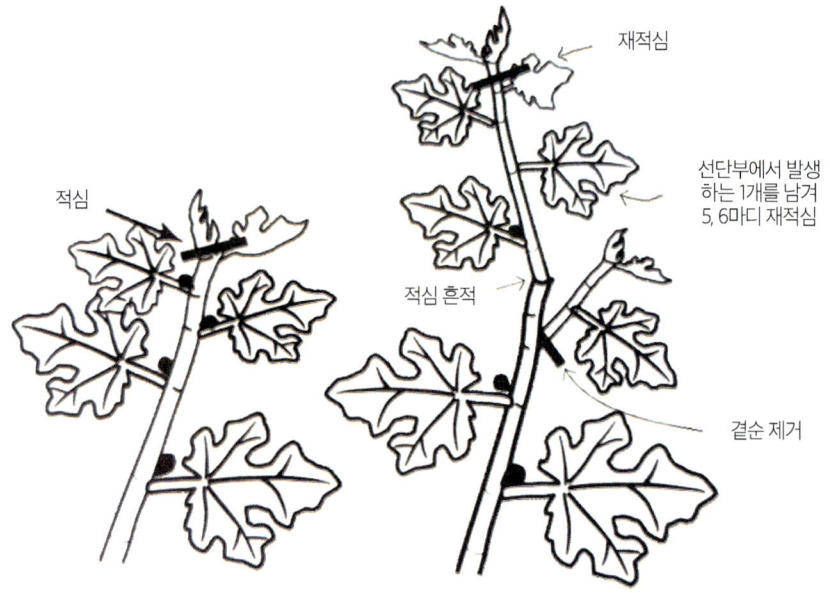

[그림 9-8] '승정도우핀'의 적심과 재적심 후 곁순관리 (眞野隆司, 2015)

 그 이외에 나무의 세력이 강할 경우 5월 말경 결과지의 밑 부분이나 중간 부분에서 곁가지가 발생하기도 하는데 이것도 일찍 제거해 주어야 한다. 곁순을 제거하면 다음 해에 그 자리에서 다시는 순이 나오지 않는다.

[그림 9-9] 곁순 발생과 착과

4) '봉래시'의 새순 관리

수평식 수형에서는 일반적으로 새순을 덕에 수평 고정한다. 유인하는 시기가 빠르면 유인 후 곁순발생량이 왕성해지므로 새순 신장이 정지하는 7월 하순부터 8월 상순 사이에 유인하는 것이 좋다. 덕의 면적 1m²당 5~6개를 남기고 나머지는 새순의 기부에서 제거한다.

7월 하순경에는 새순의 신장이 정지되는 것이 바람직하지만 수세가 강한 나무의 결과지는 계속해서 자라므로 유인 시 15마디 정도를 남기고 적심한다. 적심을 한 후에 생기는 곁순은 '승정도우핀'과 같이 곁순을 제거하는데 최선단에서 자란 곁순을 2~3엽 남기고 재적심을 실시한다.

라. 비료의 과잉과 부족현상

1) 웃거름 주는 방법

무화과나무의 새순 신장, 과실 비대, 과실 성숙은 동시 병행으로 생육을 진행한다. 연간 수체 내 질소 과부족 없이 적정하게 유지하는 것이 바람직하다. 천근성인 무화과는 추비의 효과가 다른 과수보다 빨리 나타난다.

전체적으로 수세가 떨어지는 품종인 '승정도우핀'은 연간에 걸쳐 수회로 추비하는 관리 체계가 일반적이다. 사질토양에서는 비료의 유실이 많기 때문에 수세가 약한 과원에서는 6월 상순부터 10월 중하순까지 30~40일 간격으로 10a당 질소질 비료 2kg을 시용하여 준다.

각각의 생육상황별 추비 시용 개념은 다음과 같다.

첫째, 6월과 7월은 착과 및 과실이 생육하는 시기이다. 아래쪽에 달린 과실은 크고, 착색이 나빠지기 쉬우므로 수세가 강해서는 안 된다. 반대로 수세가 약한 나무는 8~10마디가 생육하는 시기에 비료가 부족해서 변형과가 발생하기 쉬우므로 추비를 필히 해준다.

둘째, 8월의 추비는 수확전반기의 과실 비대에 영향을 주기 때문에 어느 정도 수세가 강한 나무가 되도록 한다. 이 시기는 고온건조한 시기이므로 비료주기, 관수량, 관수가 관건이다.

질소 과잉 등 과실의 착색이 나빠지는 요인이 발생하면 질소 대신 황산칼륨을 10kg 정도 시비한다.

무화과나무는 칼륨성분의 연간 흡수량이 칼슘 다음으로 많기 때문에 칼륨비료의 부족이 나타나지 않도록 주의한다.

셋째, 9월에는 추비의 영향이 크다. 광합성과 다음 해의 저장 양분을 축적시켜주기 위해 시비한다.

넷째, 10월도 9월과 같지만 낙엽이 지연되고 곁순이 계속해서 자라고 있으면 비료 성분이 많은 것이다. 또한 이러한 과수원에서는 동해에 취약하기 때문에 동해 위험성이 있는 지역이나 어린 나무에서는 주의해야 한다.

2) '봉래시'의 웃거름 주는 방법

① 웃거름 주기의 원칙

'봉래시'는 '승정도우핀'보다 수세가 강하다. 질소가 과다하면 새순이 왕성하게 신장하고 비대부족, 숙기지연, 착색불량, 당도저하 등 과실의 품질이 낮아진다. 새순은 7월 하순에는 정지되는 것이 바람직하기 때문에 비료는 사용하지 않는 것이 좋다. 대체로 식재 후 5년까지는 추비를 사용하지 않아도 생육에는 큰 지장이 없다.

무화과는 천근성이기 때문에 속효성 비료를 사용한다. 그 후 관수를 실시하면 비료 성분이 빠르게 수체 내로 흡수되어 효과가 나타난다. 비료주기는 새순신장, 과실의 착과비대 등 생육상황을 보아가면서 웃거름을 주는 데 참고해야 한다. 보통 연간 질소 시비량의 10%를 웃거름으로 주지만 어린 나무에서는 필요하지 않은 경우가 많다.

② 성목의 수세에 따른 적정한 웃거름

성원화된 과수원은 연령이 경과함에 따라 안정적인 수량을 얻게 된다. 이후 질소부족 현상이 나타나게 되어 새순의 신장이 부족해지고 미착과 마디가 발생하게 된다. 8월 하순부터 9월 상순까지 수확이 최대가 된 다음부터 과실이 급속하게 작아지는 비료 부족 현상을 보이게 된다.

성목기가 지나면 밑거름뿐만 아니라 7월 상순과 10월 상순에 적절한 추비 사용이 필요하다.

마. 습해 및 배수대책

무화과는 배수불량 토양에 약하며 강우기의 습해는 수세를 저하시켜 낙엽을 유발한다. 배수불량 과수원에서의 수확기 강우는 당도를 저하시키고 그 후 당도를 회복하는 데 오래 걸린다.

실제로 습해가 오는 것은 장마기 이후이다. 그 시기에 웅덩이가 생기는 것은 배수시설이 잘 안되었기 때문이다. 개원 시 휴면기 대책으로 신속하게 물이 잘 빠지도록 한다. 이후에도 수확작업 등으로 답압이 되어 깊어진 곳에 물이 고인다. 이런 장소에서 습해가 발생하기 쉬우니 신속하게 배수될 수 있도록 배수구 방향을 조정하는 것이 좋다.

바. 지표면 관리

무화과는 뿌리가 얕게 분포되어 있기 때문에 건조기에는 관수 및 지표면을 짚 등으로 피복해주어 건조를 방지해야 한다. 피복은 잡초의 발생을 억제하고 강우 시 지표면의 물방울이 튀어 올라 역병감염을 방지하는 효과도 있다. 또한 유기물의 공급원으로 토양 물리성을 개선하는 데 기여한다.

짚으로 피복을 하고자 할 때에는 10a당 1.5~2t이 필요한데 이는 짚 20a분의 면적 분량이다. 피복하는 시기는 4월 하순에서 5월 상순 사이다. 잡초방지를 위해 일찍 피복하면 지온의 상승을 억제하여 생육을 지연시킨다. 지표에서 방열이 억제되면 동해의 위험성이 증가된다. 따라서 동해의 위험이 높은 지역에서는 5월 중에 피복하는 것이 좋으며 제초는 4월에 제초제 등으로 대응한다. 짚은 도랑과 수직으로 피복하는 것이 좋다.

2 성숙기 관리

가. 관수관리

1) 관수방식

　무화과는 건조에 약하다. 때문에 수세를 유지하고 과실 비대를 촉진시키기 위해서는 관수가 중요하다. 수확 전 2주간 급격한 비대가 이루어지고 당분이 축적되어 성숙에 이르게 된다. 그 시기에 관수관리가 중요하다.
　과수의 필요량과 관수방식은 과수원의 조건과 기상에 따라 크게 다르다. 과수방식은 농수관과 드립퍼를 이용한 관수, 관계관수 등이 있다. 각각의 장단점이 있는데 관수시설은 나무를 심기 전에 설치해주는 것이 바람직하다.

　(1) 농수관을 이용한 관수
　노즐이 설치된 농수관을 이랑의 중앙에 설치하는 방법이다.
　① 장점
　비교적 소량의 관수로 효과를 높이는 방법으로 광범위한 재배지에 관수하기 쉽고 지표면의 수분 정도를 확인할 수 있다. 살수하는 구멍의 크기를 달리 할 수 있으며, 타이머 설치로 자동관수가 가능하다.
　② 단점
　설치비용이 든다. 수압이 낮을 때에는 앞쪽과 뒤쪽의 수량이 달라진다. 분무하는 방식은 지표면 증발량이 많다.

　(2) 드립퍼 관수
　관수라인에 드립퍼를 설치하여 관수하는 방법이다.
　① 장점
　가장 적은 물로 관수효과를 높일 수 있지만 능률은 낮다. 물을 주는 면적이 적거나 소량의 계획적인 관수에 좋으며 자동관수가 가능하다.

② 단점

설치비용이 많이 들고 살수 구멍이 막히는 경우가 종종 발생한다. 따라서 여과기 설치가 필수적이고 살수 구멍을 자주 살펴보아야 한다. 지표면의 관수상황을 살펴보기 어렵고 겉으로 보기에는 관수가 부족하다는 인상을 준다.

(3) 관계관수

용수로에서 농장으로 물을 끌어들여 논에 물을 대는 것과 같은 방법으로 단시간에 고랑 관수하는 방법이다.

① 장점

기존의 수리시설을 이용하여 가장 간편하고 비용이 들지 않는 관수방법이다.

② 단점

물 낭비가 많고 관수량 가감이 어렵다. 작업을 하는 고랑이 질척거리며, 장시간 물에 잠기면 습해가 발생하기 쉽다. 과잉관수로 착색불량, 당도저하, 열과 조장 등의 피해를 주기도 한다.

2) 관수방법 선택

관수방법은 수원과 수질에 따라 현장 조건을 고려하여 결정한다.
첫째, 수원을 확보할 수 있는지 여부와 펌프 사용이 가능한지
둘째, 농업용수의 이용이 가능한지(수압 $1 \sim 2 kg/cm^2$)
셋째, 수질은 좋은지
넷째, 드립퍼 관수의 종류를 사용할지(작동압력 $2 kg/cm^2$) 등이다.

3) 관수시기와 관수량

① 상시 관수로 생육 도모

관수는 뿌리가 활동을 시작하는 3월 하순 이후부터 사용할 수 있도록 준비해둔다. 그 시기부터 장마기까지 비다운 비가 1주일 이상 오지 않아 건조가 계속되면 관수를 하여 생육을 도모한다.

온도가 높아지는 장마철 이후에는 2~4일 맑은 날이 지속되면 관수를 시작한다. 일단 흙이 마르면 장마에 의한 습해로 천근성의 세근이 약해져 있다. 과원의 건조 상태와 무화과나무를 잘 관찰하여야 하는데 토양이 건조해 있거나, 잎이 처지는 듯이 보이기 전에 관수하도록 한다. 그 후 무더위가 1주일 이상 지속되고 비가 오지 않으면 관수하되 가급적 빠른 시간 안에 충분히 물을 주도록 한다.

② 수확기 집중 과다 관수 금지

수확기 관수는 과실 품질에 큰 영향을 준다. 특히 피해야 할 것은 관수간격을 길게 하면서 관수를 할 때 한 번에 많은 양의 관수를 하는 것이다. 이 경우 열과가 발생하고 당도가 낮아진다. [표 9-2]를 참조하여 관수간격을 짧게 하고 약간 건조하다고 생각될 만큼 관수하면 된다. 가을에 기온이 떨어지면 관수량을 줄여준다.

③ 관수 기준

한여름 관수에 필요한 양은 1일 환산한 비의 양으로 3mm 정도이다. 3일 간격으로 관수한다면 1회 관수량은 8~10mm인 셈이다. 시기별 관수량과 관수간격은 [표 9-2]와 같다. 표의 수치를 기본으로 생육상황에 따라 횟수를 가감할 수 있다. 유량계를 관수라인에 부착하면 관수량을 알 수 있다.

[표 9-2] 시기별 관수량 (眞野隆司, 2015)

시기	관수간격	관수량(mm/10a)	가감
3~4월	일주일(맑은 날) 1회	5	서서히 증가
5~6월	5~7일(맑은 날) 1회	8	↓
7~8월(수확 전)	2~3일(맑은 날) 1회	6~9	↓
수확 전반기	3~4일(맑은 날) 1회	8~10	서서히 감소
수확 후반기	5~7일(맑은 날) 1회	8	↓

일반적으로 토층이 깊고 수세가 강하면 관수를 조금 적게 하고, 수세가 약하고 뿌리가 얕게 있으면 관수 횟수와 관수량을 넉넉히 늘려준다. 습해로 생육이 불량할 경우에는 배수개선을 해주지 않으면 오히려 생육불량을 조장할 수 있다.

나. 성숙 촉진

무화과 과실의 과정부에 식물성 기름을 바르면 성숙이 촉진된다. 이러한 성질을 재배에 도입한 것을 유처리(식물성 기름처리)라고 하는데 이는 기원전 3세기 그리스 시대부터 시작되었다.

성숙을 촉진시키기 위하여 녹색의 열매가 약간 황색으로 변하는 시기에 식물성 기름이나 에스렐을 처리한다(119쪽 참고). 다만 에스렐 처리 시기가 너무 빠르면 비대하지 않고 색만 변하는 경우도 생긴다. 에스렐은 500~1,000배로 희석하여 사용한다.

[그림 9-10]은 성숙촉진제 처리하는 시기를 사진으로 표시한 것이다.

[그림 9-10] 성숙촉진제 처리 시기

다. 반사시트를 이용한 품질향상

무화과의 과실은 과육이 연하고 저장성이 약하여 수확기에 강우가 지속되면 열과와 부패과, 착색 불량, 당도저하 등으로 품질이 현저히 떨어진다. 수확 초기 아랫마디의 과일은 일조가 나빠 성숙이 지연되고 품질이 저하된다. 이러한 가운데 최근 우리나라 무화과재배 농가에서 주목을 받고 있는 것이 투습성 백색 시트이다. 투습성 백색 시트는 수관의 하부인 지표면에 피복한다. 이는 토양수분을 조절하며, 광 환경을 개선하여 과일의 품질을 향상시켜 준다.

1) 사용방법

백색시트는 부직포 형태로 지표면의 수분을 증발시키고 강우 시에는 수분이 통과시키며 광을 반사시키는 성질이 있다. 일문자 수형의 경우 고랑 지표면에 1m 폭의 시트 2매를 피복하여 고정한다.

착과기 총채벌레 예방용 피복

수확기 착색증진을 위한 피복

[그림 9-11] 백색 시트 사용의 예

백색시트는 햇빛을 산란시켜 총채벌레가 무화과의 어린 과일에 침입하는 것을 방지하는 효과도 가지고 있다. 총채벌레의 예방 효과를 갖기 위하여 착과가 시작하기 직전에 피복하는 방법과 착색하기 1개월 전에 피복하여 착색을 증진시키는 방법이 있다. 백색시트는 약 10% 정도의 광을 투과시키기 때문에 피복하기 전에 제초를 실시한 후에 피복해야 한다. 보통 6월에서 7월 사이에 피복한다.

(1) 사용효과

백색시트를 피복하면 [표 9-3]과 같이 착색과 당도가 향상된다. 부패과의 원인인 과실 과정부의 눈이 벌어지는(열개) 것이 작아지고 흐린 날이 지속되어도 [표 9-5]와 같이 수확한 과일의 부패가 경감되는 효과도 있다.

[표 9-3] 백색시트 피복이 과실품질에 미치는 영향 (眞野隆司, 2015)

시험구	과실중 (g/개)	열개 길이(mm)	열개 폭 (mm)	착색w (컬러차트)	당도 (°Brix)
백색시트	87.4	7.7	4.5	7.8	15.5
무처리	92.1	10.5	5.2	6.1	14.1
유의성 x	N.S	*	N.S	**	**

※ 피복기간 : 7월 5일~11월 10일
  x) 유의성 : ** 1% 수준 유의, * 5% 수준 유의, N.S 유의성 없음
  w) 유의성 : 일본 농수산시험장 컬러차트(무화과 과실용)

[표 9-4] 강우기 백색시트 피복이 과실품질에 미치는 영향 (眞野隆司, 2015)

시험구	과실중 (g/개)	열개 길이(mm)	열개 폭 (mm)	착색w (컬러차트)	당도 (°Brix)
백색시트	110.4	18.4	10.8	7.8	15.5
무처리	138.0	32.4	19.8	6.1	14.1
유의성 x	*	*	*	**	*

※ 피복기간 : 8월 2일~11월 10일
  조사기간 중 우량 : 63mm

[표 9-5] 백색시트 피복이 과실 부패에 미치는 영향 (眞野隆司, 2015)

시험구	정상	부패과율(%)	
		과정부 눈 갈변	과즙 유출
백색시트	63.2	31.6	5.1
무처리	13.3	53.3	33.3
유의성	**	**	**

※ 2004년 9월 5일(전일 9mm, 수확 당일 7mm 강우) 수확 후 과일 30개를 실내(27.8℃)에 1일간 방치

또한 총채벌레 피해도 줄었는데 [표 9-6]과 같이 6월에 피복한 것이 효과가 높았다. 반사광선이 총체벌레가 날아드는 것을 저해한 것으로 추정된다.

[표 9-6] 백색시트 피복 개시기가 총채벌레 피해에 미치는 영향 (眞野隆司, 2015)

시험구(피복 개시일)	총채벌레 피해과(%)
6월 18일	1.8az
7월 20일	7.6b
8월 12일	24.0c
무처리	19.2c

z) 알파벳의 부호는 5% 수준에서 유의성 인정(Turky)

부패과와 총채벌레 피해과의 경감률을 비교해 볼 때 과실품질의 향상이 가진 경제성이 피복하는 데 드는 소요자재비보다 높았다. 또한 비가 많이 오는 해일수록 효과는 더 높다.

백색시트를 사용한 피복재배는 귤 등의 다른 과일에서도 효과가 확인되었고, 비가 오거나 흐린 날에도 특징이 발휘되었다. 그러나 이것을 사용하는 데 유의점도 있다.

(2) 백색시트의 사용요령
① 수세가 강한 포장에서 효과가 높다.

백색시트는 수세가 강하고 착색과 당도가 저하되어 과실 품질에 문제가 있는 과수원에서 사용한다. 이어짓기 등으로 수세가 약한 과수원에서는 사용

하지 않는 것이 좋다. 수세가 약하여 일부에서 위축, 변형 과실이 발생하는 과수원은 수분 스트레스가 변형과의 발생에 관계할 가능성이 높기 때문이다.

② 관수튜브나 드립퍼를 이용한 관수시설이 좋다.

백색시트 안의 토양은 건조 상태인데 일반적인 관수로는 뿌리 전역에 물이 침투하는 것이 어렵다. 그래서 건조시기에 백색시트 피복 상태에서 관수할 경우 관수량의 파악이 용이한 튜브나 드립퍼를 이용한 관수가 필요하다.

그러나 관수량이 너무 많아 과실에 열과가 생기거나 당도가 저하된다면 백색시트의 피복이 의미가 없어지고 극단적인 경우에는 습해를 초래할 수도 있다.

③ 피복은 6월 이후에 실시한다.

총채벌레에 대한 기피효과는 반사광을 이용한 것이므로 그해의 일조량이나 기후에 의하여 불안정해지기 쉽다. 방제는 어디까지나 약제 살포가 주체가 되고 피복은 보조적인 것으로 사용해야 한다.

또한 시트를 피복하게 되면 지온이 낮아진다. 총채벌레 기피효과를 기대하고 너무 일찍 시트를 깔면 오히려 생육이나 숙기 지연 등의 영향을 받을 가능성이 있으므로 가능한 6월 이후에 피복하는 것이 좋다.

④ 수확기 판단은 색이 아니라 부드러움으로 한다.

백색시트를 피복한 과수원에서는 과일이 성숙하여 부드러워지면 수확한다. 착색을 기준으로 수확하면 착색이 잘되는 시트피복 재배에서 덜 익은 과일을 수확하는 경우가 생긴다.

⑤ 피복한 시트의 내구성은 2년 정도다.

백색시트의 내구성은 감귤 등에 비하여 짧다. 무화과재배는 수확 기간이 길어 토양을 자주 밟기 때문에 더러워지기 쉬워 내구성은 2년 정도다. 시트가 더러워지면 광 반사효과가 저하되어 총채벌레의 기피효과와 아랫마디 착색향상도 저하되기 때문이다. 시트가 피복된 과수원은 다른 시트와 마찬가지로 강풍에 의해서 손상을 받을 우려가 커 방풍시설이 필요하다.

(3) 기타 유의할 점

① 추비는 완효성 또는 코팅된 비료를 사용한다.

휴면기의 밑거름과 토양개량은 관행적으로 하고 시트 피복기간 중에 웃거름을 하지 않는다. 웃거름을 할 경우, 완효성 비료나 코팅된 비료를 관행 웃거름으로 사용하는 질소의 양에 따라 달리 사용한다. 시비개선은 차후의 과제다.

② 작업 중에는 눈 보호 안경을 착용한다.

백색시트를 피복하면 반사광선이 상당히 강하다. 피복 직후에는 새순의 길이가 짧아 맑은 날에는 눈이 부시므로 선글라스를 쓰거나 자외선 차단 대책을 세워야 한다.

라. 수확 및 출하

과실의 착색을 좋게 해 품질을 향상시키기 위하여 안토시아닌 색소가 잘 발현되도록 광 환경을 개선해야 한다. 따라서 눈 솎기, 적심, 유인을 적절히 하고, 영양이 과부족하지 않도록 시비 등의 관리를 철저히 하여야 한다.

또한 햇빛이 부족하다고 하여 많은 잎을 제거해서는 안 된다. 잎을 제거하면 저장 양분이 부족하여 동해에 약해지고 다음 해 발아와 새순신장이 나빠지므로 주의해야 한다.

과실을 수확할 때 과일의 온도가 낮은 아침에 수확하여 과실의 품질이 급격하게 변하지 않도록 하여 출하한다.

3 휴면기 관리

가. 비료주기

　무화과나무의 지상부와 뿌리의 활동은 [그림 9-12]와 같다. 이것을 염두에 두고 연간 시비와 토양 만들기의 개념을 살펴보면 다음과 같다.
　첫째, 3월까지 휴면기간에 토양 만들기와 봄뿌리 활동을 촉진시켜 준다.
　둘째, 전년도의 저장 양분은 4월 이후 발아기의 세력을 충실하게 해주어 건전한 새순의 발생을 돕는다.
　셋째, 5월 하순부터 6월 상순까지 양분전환기에 양분이 적절하게 전환되도록 한다. 영양생장과 생식생장이 원활하도록 비료관리를 한다.
　넷째, 과실의 생장과 성숙이 원활하도록 비료관리를 한다.
　다섯째, 가을 뿌리의 생장을 조장하고 광합성을 촉진시켜 저장 양분이 증가하도록 하여 다음 해를 대비하여야 한다.

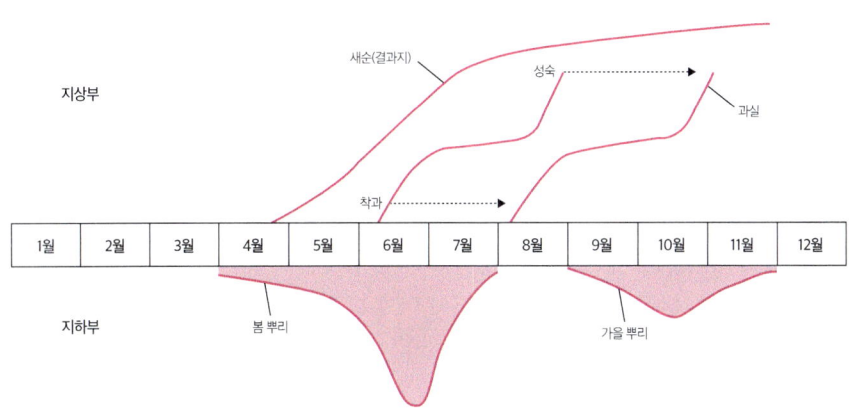

[그림 9-12] 연간 지상부와 지하부 뿌리의 활동 (株本, 1985)

'슝정도우핀'의 수세가 중간 정도인지를 보려면 기부 쪽 1마디와 2마디 절간의 직경이 20~25mm가 되는 것을 찾으면 된다. 이보다 크면 수세가 강하고 작으면 약한 수세라고 할 수 있다.

수세가 강한 나무는 질소질 비료를 적게 하거나 하지 말아야 한다. 반대로 약한 수세에서는 품질이 좋지만 수량이 낮기 때문에 부족한 양의 비료를 시비하여야 한다.

시비량은 토양 성질, 기상 조건, 전년도 생육과 출하 성적을 고려하여 결정한다. 시비 표준량이 있지만 토질이 좋은 토양에서는 적게, 비료의 유실이 많은 사질토양에서는 좀 더 넉넉하게 시비량을 정한다. 각 지역마다 오랜 경험에 의해서 시비설계가 이루어지고 있지만 같은 지역에서도 환경에 따라 크게 다르다. 자신의 과수원, 토양, 재배조건과 나무의 생육 여부를 확인하면서 비료량을 결정한다.

무화과나무의 비료 흡수량을 보면 칼슘의 흡수량이 질소의 1.5배로 많은 것이 특징이다. 따라서 매년 토양개량을 하기보다 10a당 100~200kg의 비료를 주는 것이 효과적이다. 석회를 사용한 후에는 2~3주 이상이 지나서 밑거름을 시용하여야 한다.

나. 전정

전정은 낙엽이 진 12월부터 다음 해 2월 사이에 실시한다. 그러나 어린 나무가 동해의 위험이 있는 경우에는 겨울이 지난 2월 중하순에 하는 것이 좋다. 단 전정 후 방한 피복을 잘 할 수 있으면 12월에 전정하는 것이 좋다.

전정을 할 경우에는 지난 결과지의 아랫마디 1~2개를 남기고 전정한 후에 건조피해를 방지하는 도포제를 발라준다.

10장
생리·생육장해 및 재해대책

 생리장해

가. 생리적 낙과

1) 원인

① 무수분

'승정도우핀'은 보통계에 속하며 단위결실하기 때문에 꽃가루 수분이 필요없다.

스미르나계와 산페드로계의 추과는 무화과 말벌(Fig Wasps)인 아주 작은 말벌이 카프리계(야생종)의 수꽃가루를 수분하여 주지 않으면 착과된 모든 열매가 발육 도중에 낙과된다.

[그림 10-1] 무화과 말벌 (Fig Wasps, Google)

② 저온장해

보통계에 속하는 품종의 낙과는 하과일 경우 겨울에서 봄 사이의 저온에 의한 장해, 추과는 가을의 저온장해에 기인한다. 이때 미숙한 채로 낙과한다.

③ 건조장해

보통계의 추과는 여름의 고온건조 조건에서 수분부족으로 건조피해를 받아 낙과한다. 뿌리에 장해가 있는 나무가 건조피해를 받으면 생리적 낙과를 더욱 조장하게 된다.

④ 뿌리장해

뿌리에 토양선충이 감염된 나무나 토양의 배수상태가 나쁘거나 지하수위가 이상적으로 높아져 뿌리가 습해를 받은 나무는 뿌리의 흡수작용이 약해져 지상부에 수분 부족현상을 일으킨다. 이는 간접적으로 낙과의 원인이 된다. 이처럼 뿌리에 장해를 받은 나무는 여름철 고온 시기에 관수가 부족하면 건조피해를 받아 생리적인 낙과가 많아 피해가 심해진다.

2) 방지대책

우리나라에는 무화과를 수정해주는 곤충이 없기 때문에 수정이 요구되는 품종의 재배는 신중을 기하여야 한다. 재배가 필요하다면 수정이 가능한 카프리계 품종을 도입하여 수분수로 이용하고, 수분에 필요한 무화과 말벌의 도입을 고려하는 것이 중요하다.

저온장해 대책으로는 다른 과수와 마찬가지로 가온, 피복, 송풍, 방풍림, 방풍 울타리 등이 있지만 실제로는 저온장해를 받을 우려가 있는 장소에서는 재배를 삼가는 것이 좋다.

건조피해에 대비하기 위해 관수시설 완비와 적기관수의 필요성도 강조되지만 기본적으로 토양을 개량하고 배수가 잘 되도록 하여 뿌리의 활력을 좋게 하는 것이 가장 중요하다.

또한 토양선충 방제를 위해 살선충제 살포와 토양소독을 철저히 하는 대비책이 필요하다.

2 생육장해

가. 일소현상

1) 증상 및 원인

일소현상은 가지에 직접 햇빛을 받은 부분이 균열되어 수피가 건조, 탈락하고 목재부가 노출되는 것이다. 일소를 받은 나무는 수세가 저하된다. 또 동해를 받은 부분이 직사광선을 받으면 나무의 온도가 급변하여 껍질부분의 조직에 장해가 온다.

고온에 의한 일소현상은 나무가 높은 온도에 의하여 고사하는 경우와 조직에서 수분이 부족하여 나타나는 경우가 있는데 나무 조직의 치사온도는 52℃이다.

2) 발생하기 쉬운 조건

① 발생 시기
8~9월의 고온건조 시기에 많이 나타난다.

② 토양 조건
사질토양, 배수불량 토양, 토층이 얕은 토양, 지온이 상승하는 곳 등에서 천근, 습해, 한해, 조기낙엽 등 수세저하를 초래하기 쉬운 곳에서 많이 발생한다.

③ 수체 조건
수형이 개심자연형보다 배상형 같이 주간이 크고 넓은 가지에서 많이 나타난다. 가지의 자람 방향이 남쪽이나 남서방향보다 동북이나 북쪽 방향의 가지에서 적게 나타난다. 노령목으로 수세가 약한 곳에서 자주 발생한다.

[그림 10-2] 일소에 의한 표피 균열

3) 방지대책

전술한 바와 같이 나무줄기에 직사광선을 직접 쪼이지 않도록 해야 한다. 구체적으로는 나무의 온도 상승과 수분 증발, 건조를 방지하기 위하여 나무줄기를 짚 등으로 싸주거나 흰색 도포제를 발라준다. 가지의 절단면에도 도포제를 발라 건조하지 않도록 유의한다. 흰색 도포제 중 석회유가 포함되어 있으면 가지의 건조를 조장할 수 있으므로 주의가 필요하다.

재배 관리 차원에서 조기 낙엽 방지를 위하여 토양이 지나치게 건조하거나, 과습하지 못하도록 적절한 토양관리 및 합리적인 수분관리가 필요하다. 수세가 쇠약해지는 원인인 동·한해를 방지해주고, 뽕나무하늘소와 뿌리혹선충을 방제하여 수세를 유지·강화하며 적정하게 관리하는 것이 매우 중요하다. 또한 결과지가 아래로 처지지 않도록 가지를 유인하는 것도 좋은 방법이다.

나. 동상해

1) 동상(서리)해의 발생 및 내동성

'승정도우핀'은 내동성이 가장 약한 품종이다. 특히 유목기에는 -6℃의 저온이 여러 차례에 걸쳐 나타나면 고사하는 경우가 허다하다. 1년생 가지의 동절기 내동성은 유목기에는 -7~-8℃, 성목은 -10~-12℃라고 한다 (安廷, 1966).

내동성이 강한 가지는 충실도로 알 수 있는데 그 지표가 되는 것이 탄수화물 함량이다. 특히 당 함량이 이에 비례한다. 1년생 가지의 당 함량은 11월 상순에 급격히 증가하여 2월 상순경에 최고치에 이르고 이후 서서히 감소한다 (平井, 1966).

[표 10-1] 무화과 휴면기 1년생 가지의 저온 저항성 (安廷, 1966)

처리온도 (℃)	고사눈율 (%)	조직의 동해정도				전기 전도도	켈루스 형성도
		1~5절	6~1절	10절 이상	정아		
-8	8.3	-	-~±	*	-	415	+~***
-10	24.3	**	*	*	***	405	-~**
-12	48.3	***	**	**	***	445	-~**
-14	85.4	***	***	***	***	470	-
대조구	3.0	-	-	-	-	420	+~***

※ 1. 동해정도(*** : 동해사, ** : 약간 위조, + : 부분적 갈변, ± : 약간 있음, - : 피해없음
　 2. 공시품종 : 승정도우핀 6년생

일부 지역에서는 겨울철 저온보다 3월 하순 무렵의 저온에 의한 동·한해가 발생하는 경우가 많다. 그때의 최저기온은 -1~-3℃이다. 과수원을 개원할 때에는 사전에 해당 지역의 기후를 잘 조사하는 것이 중요하다. 최저기온이 위의 온도보다 낮은 곳에서는 재배를 피하는 것이 좋다.

2) 방지대책

① 내동성 강화

적절한 비배관리를 하여 나무의 내동성을 높이는 것이 중요하다. 특히 질소가 과다 사용되지 않도록 시비량과 시비 시기에 주의하여야 한다. 또 조기 낙엽의 원인인 습해와 한해, 수관 내부의 과번무를 방지하는 데 중점을 두어야 한다.

'승정도우핀'의 어린 나무는 7월 하순에 비나인(B-9) 0.5%액을 살포하면 새순의 신장율이 무처리의 54%로 작아져 내동성이 4℃ 정도로 증가할 수 있다고 한다(安廷, 1970).

한편 과수원 내에 피복과 잡초 발생이 있으면 지온 상승을 억제하고 야간에 지면에서 열이 방출되는 것을 방해하므로 과수원 내의 기온이 더 떨어져 동·한해를 조장하게 된다. 피해가 발생하는 과수원에서는 피복을 제거하여 준다.

짚 등으로 가지를 감싸주어 보온을 하려면 어린 나무는 12월 중순 이전에 주간과 주지를 짚으로 두껍게 감아 보온하는 것이 좋다. 그러나 짚이 젖어 있으면 오히려 피해를 조장할 수 있으므로 마른 짚을 이용하여 비닐로 덮어주는 것이 좋다. 하지만 이러한 방법은 반드시 완전한 효과가 있는 것은 아니다.

[그림 10-3] 겨울철 어린 나무 보온피복 현장

그래서 오래된 타이어(10a당 20개 정도)나 경유 등을 주요 지점에 설치하고 야간 온도가 1~0℃가 되었을 때 연소시키거나 방상팬을 활용하여 피해를 줄일 수 있는 방법이 있다.

다. 줄기의 동해

1) 내동성의 시기적 변화

   3~4년생 '승정도우핀'의 1년생 가지 아랫마디부터 위쪽으로 7~8마디를 이용하여 내동성을 조사한 결과 12월 중순부터 3월 중순까지 -10℃에서도 눈이 100% 생존하였고, 형성층이 갈변되지 않거나 경미하였다. 이에 반해 낙엽 직후인 11월 하순과 발아 직전인 4월 상순에는 -7℃에서도 형성층이 갈변하는 것을 볼 수 있었다. 이때도 눈은 생존하고 있었다.

   4월 중순이 되어 눈이 발아하기 위하여 볼록해졌을 때에는 -4℃에서도 고사했다. 이 때문에 '승정도우핀'의 내동 가능성은 추운 시기에 -10~-13℃이지만 3월 중순이면 약 3℃가 감소하여 -7~-10℃, 4월 상순인 발아 직전에는 -4℃ 정도가 될 것으로 추정된다. 일반적으로 유목은 성목보다 내동성이 약하여 추운 시기에도 -6℃ 정도로 예상된다. 이 밖에 1년생 가지의 선단부에서 질소비료를 과용한 토양에서 자란 가지는 내동성이 현저하게 떨어진다.

   실제 과수원에서는 동해뿐만 아니라 햇빛에 의한 일소, 수체온도 상승, 동절기 저온 등이 복합적으로 관계하여 피해가 발생하고 있으므로 주의가 필요하다. 수평을 유지하고 있는 수형 주지의 상면은 기온보다 1~2℃ 낮아지는 경우가 많다. 이러한 부분은 해가 뜬 후 직사광선에 의해 온도가 급격히 상승함으로써 동결된 조직이 빠르게 해빙되어 동해를 조장하는 것이라고 생각된다.

2) 주지의 동해 증상

   유목기에 동해를 받을 경우 쉽게 고사된다. 성목인 경우에는 비교적 고사되는 것이 적다.

   성목의 동해는 발아가 제대로 이루어지므로 피해를 알아보기 어려운 경우가 많다. 그러나 몇 달이 지나고 나면 주로 주지의 윗면과 주간의 해가 비친 쪽의 표피에 국부적인 갈변증상이 나타난다.

이러한 증상은 봄이 되면 점차 진행되어 명료하게 나타난다. 증상이 발생한 나무를 그대로 방치하면 다시 동해를 받아 전년의 피해 부위가 더욱 확대되어 마침내 껍질이 떨어져 목질부가 노출된다. 이렇게 되면 목질부가 부패하기 시작하고 수세가 저하되며 경제적인 수령이 단축된다.

[그림 10-4] 동해 증상

이상과 같이 주간의 동해는 직사광선을 받은 부분에 많이 발생한다. 동해를 받은 시점에서 상당 기간 보이지 않으므로 일소장해로 오인하기 쉽지만 동해가 주된 요인이다.

3) 수체 피복에 의한 동해방지

동해가 자주 발생하는 지역에서는 나무 전체를 보온재로 싸주어 보온하는 방법이 행해지고 있다. 보온성을 갖추려면 보온재 두께를 4~5cm로 해주어 나무의 온도가 최저 2~4℃가 유지되도록 한다. 12월 하순부터 4월 중순까지 온도를 유지해야 동해방지 효과를 얻을 수 있다. 그러므로 피복 재료를 다량으로 확보해야 할 필요가 있다. 피복하는 데 소요되는 시간은 10a당 약 40시간 정도이다. 피복재료는 짚을 대신하여 알루미늄을 이용하기도 한다.

라. 이상성숙과

　이상성숙과는 수확 초기에 문제가 되는 잘못 성숙된 과일이다. 일반적으로 조숙하면 착색이 불량하고 과정부가 열리지 않는다. 외관은 다소 시들며 무게가 가볍고 특히 안쪽의 작은 꽃이 충실하지 못하다. 정도가 심하면 선과 과정에서 제거하지만 그렇지 않다면 판단이 쉽지 않다.
　원인으로는 총채벌레 피해와 백숙과(白熟果)가 있다.
　총채벌레 피해과일은 쪼개보면 총채벌레의 침입과 식해로 갈변하고, 곰팡이가 발생한 경우도 있다. 과실의 과정부를 보아 과일 내부의 작은 꽃이 적색인데 과정부에 있는 꽃은 황색으로 변한 경우 총채벌레의 침입을 알 수 있지만 그렇지 않은 경우도 있어 결정적이지는 못하다.
　백숙과는 가운데를 열어보면 총채벌레의 피해와는 다르게 작은 꽃들이 밝은 붉은색이다. 연한 분홍색일 때나, 내부가 흰색의 스펀지 같은 경우에는 과일이 가볍고 맛이 없다. 이러한 현상은 이전 장마에서 갑자기 고온건조 조건이 되면서 수확 초기의 아랫마디에서 대량으로 발생하기도 한다. 이는 급격한 건조가 뿌리의 활력을 나쁘게 하여 수체에 수분 스트레스가 생겨서 발생한 것으로 추정하고 있다.
　총채벌레 피해과일과 백숙과는 외관적으로 에스렐을 조기에 처리한 것과 비슷하다. 무화과는 에스렐에 대한 감수성이 높다. 총채벌레 피해과일은 총채벌레 식해에 의한 상처로 인해, 백숙과는 급속한 고온건조에 의하여 뿌리의 스트레스가 발생하여 과실과 수체 내에 에틸렌의 농도가 높아져 이상 성숙할 가능성이 있다.
　총채벌레 방제는 장마기 전후에 토양이 급격하게 건조해지지 않도록 대책을 세워야 한다.

백숙과　　　　　　　　　　　　　과육 속 갈변

[그림 10-5] 백숙과와 과육 갈변증상

마. 과육 갈변증상

 7월 상순에 결과지의 하단 열매가 갈변하여 낙과하는 경우가 있다. 열매를 쪼개보면 과육의 흰 부분(화탁, 내부외피)이 전체적으로 갈변하는 현상을 보인다.

 병원성이 없고 붕소 결핍과 비슷하지만 원인은 불분명하다. 과육의 갈변증상은 수세가 강한 어린 나무에 많다. 과일 비대가 왕성한 7월 상순 고온건조가 지속되면 많이 발생한다. 따라서 잎이나 결과지가 영양생장에서 생장생식으로 변하는 시기에 양분의 전환이 원활하게 이루어지지 않았기 때문이라는 것이 그 원인 중 하나라고 보인다. 또한 이 증상은 7월 중순 이후에는 전혀 볼 수 없다.

3 재해대책

가. 태풍

1) 태풍피해

① 태풍피해 발생

태풍은 많은 비와 강한 바람을 동반한다. 피해가 심하면 수확량과 품질에 크게 영향을 준다. 강풍은 잎을 찢어 손상시키며, 과실에 상처를 주고 나무를 쓰러뜨린다.

강우로 인해 병해충이 발생하고 열과, 부패과일이 다량 발생하므로 태풍이 통과한 후 과일의 품질저하는 필연적이다. 잎의 손상과 조기낙엽은 저장 양분이 충분하지 못하게 되어 다음 해 생육에 영향을 준다. 태풍 피해는 극심하므로 확실한 피해 예방대책을 세우는 것이 매우 중요하다.

2) 태풍 전 예방책

① 지주 보강

가지가 휘어지거나, 찢어지지 않도록 나무기둥 등을 이용하여 지주를 보강한다. 무화과나무 뿌리는 얕게 분포하여 비에 의한 토사가 흘러내려 쓰러지기 쉬우므로 말뚝 등을 박아 지주를 고정해 주는 것이 필요하다.

② 배수 확보

다량의 강우에 대비하여 물이 신속하게 배출되도록 배수구를 정비한다. 배수구가 막히지 않도록 토사나 낙엽, 쓰레기 등을 점검한다.

③ 토양침식 방지

토양의 유실이 우려되는 과수원은 토사가 흘러내리지 않도록 짚이나 비닐 등으로 멀칭을 해준다. 짚이나 비닐 멀칭은 토양의 유실을 억제하고 강우로 인해 토양이 나무로 튀어오르는 것을 방지하여 역병 발생을 억제할 수 있다. 볏짚이나 비닐은 바람에 날리지 않도록 단단히 눌러 고정한다.

④ 가지 유인

가지 유인은 나뭇가지의 흔들림에 의한 상처 과일 발생을 적게 한다. 강풍에 의해 결과지를 고정해둔 지점이 끊어지거나 손상될 수 있으므로 정비 점검을 철저히 한다.

⑤ 방풍

방풍망이 설치되어 있는 과수원은 손상된 곳이 없는지 살피고 고정용 로프 등으로 강풍에도 견딜 수 있도록 정비해둔다. 방풍망이 설치되어 있지 않은 곳에서는 바람이 강하게 부는 장소의 나무에 어망 등을 고정하여 바람의 피해를 줄이도록 한다.

⑥ 수확기 조절

태풍이 접근할 것으로 예상되면 식물성 기름 처리를 하여 성숙을 촉진시켜 미리 가능한 많은 양을 수확할 수 있도록 한다.

3) 태풍 통과 후 대책

강풍에 찢어진 가지는 지엽을 잘라주어 증산을 억제시킨다. 가지가 찢어지거나 완전히 부러지지 않았으면 가지를 다시 결속하여 상처 부위를 감아주거나 도포제를 바른다. 찢어진 부위는 넓은 테이프 등으로 보호해준다. 이러한 조치에도 불구하고 손상된 가지의 끝부분이 고사하면 자르고 도포제를 발라준다.

가지의 전체가 부러진 경우에는 부러진 부위를 자르고 유합이 잘되도록 도포제를 발라준다. 쓰러진 나무의 뿌리는 자르지 말고 천천히 일으켜 세워 지주로 고정해 준다.

강풍에 나무가 흔들려서 뿌리가 절단되어 있을 때 고온건조 조건이 되면 뿌리에서 수분의 흡수가 부족해져 일소피해를 입을 수 있다. 이때 짚 등으로 주간을 감싸주거나 흰색 도포제를 발라 수분 증발을 억제해 줘야 한다.

속효성 비료를 엽면살포해 조기낙엽을 방지하고 나무의 수세회복에 힘쓴다.

비에 의한 역병, 흑색곰팡이병 발생이 우려되므로 방제약제를 살포한다. 또한 낙엽, 낙과, 부패과, 병해충 피해과를 과수원 밖으로 옮겨 땅속에 묻어 준다.

나. 강우

1) 강우피해 발생

강우는 성숙기 과실 과정부의 열과와 부패의 원인이 된다. 강우가 오면 일조량 부족으로 착색이 불량해지고 당도가 현저히 저하되어 상품성과 수량이 저하된다. 착색과 당도를 회복하는 데 소요되는 기간은 3~5일 정도이다.

역병은 강우에 의하여 전염되므로 강우가 지속되는 여름에 발생하는 경우가 많다. 역병 방제가 지연되면 어린 과일에 발병되어 수확을 전혀 할 수 없으므로 역병 방제는 필수적이다.

강우에 의해 발생한 흑색곰팡이 피해과일이나 부패과일을 방치하면 다른 병을 유발하고 특히 부패과일에서 초파리가 발생하여 피해를 준다. 이러한 병해충이 발생하면 수확 전에 제거하여 과수원 밖으로 옮긴 후 땅속에 묻어 준다.

2) 방지대책

역병은 강우에 의하여 지표면의 흙이 튀어올라 전염되므로 이를 방지하기 위하여 부직포나 볏짚 등으로 피복한다.

강우에 의한 피해를 경감시키기 위하여 비닐하우스를 이용해 재배하거나 수확기에 나무 위에 비닐을 설치하여 비를 맞지 않도록 하여 피해를 최소화한다.

다. 습해

1) 습해 발생

침수상태가 3~7일간 지속되면 뿌리가 쇠약해지고, 흡수 능력이 현저하게 저하된다. 그러면서 잎이 시들거나 뿌리에서 에틸렌이 작용하여 미숙과가 적색으로 변하면서 이상 성숙을 할 수도 있다. 이럴 경우에는 낙과와 조기 낙엽이 될 수도 있다.

습해는 배수불량이나 뿌리혹선충 등으로 뿌리가 쇠약해져 있는 과수원에서 발생한다. 이러한 과수원에서는 무화과나무의 정상적인 뿌리가 적고 검게 변하는 경우가 많다.

2) 방지대책

배수를 철저히 하고, 다른 곳의 물이 과수원으로 들어오지 못하도록 해야 한다. 뿌리혹선충 등에 의하여 뿌리가 피해를 받은 경우에는 적절한 방제를 실시하고 뿌리를 건전하게 키워야 한다.

라. 조수해

조류인 찌르레기, 직박구리 등이 수확 예정의 성숙한 과일을 쪼아 과일에 피해를 주고 일부 지역에서는 너구리 등이 침입하여 과일을 먹어치우는 일이 발생한다. 따라서 방조망을 설치하고 유해동물 침입방지대책을 세워야 한다.

1) 조류

(1) 찌르레기

찌르레기는 번식할 때 짝지어서 생활하지만 그 이외의 시기에는 무리를 만들어 집단을 형성한다. 여름부터 가을에 무리가 커서 수천수만 마리가 되기도 한다. 대나무 숲에 보금자리가 가장 많으며 일출 무렵에 일제히 날아 작은 무리로 나뉜다.

(2) 직박구리

직박구리는 찌르레기와 같은 양상으로 살면서 연중 평야부에 산다. 찌르레기처럼 큰 무리를 만들지 않고 5~10마리의 소집단 또는 한 쌍으로 정착해 생활하는 경우도 많다.

조류 방제대책으로 익은 과일은 방치하지 말고 바로 수확해야 하며, 새는 눈 모양을 싫어하기 때문에 눈 모양의 풍선을 매달아 놓는 것이 좋다. 피해가 심할 경우 방조망을 설치한다.

| 찌르레기 | 직박구리 | 조류에 의한 과일피해 |

[그림 10-6] 무화과 가해 조류 및 과일피해

2) 동물

(1) 두더지

① 피해진단

하단의 잎이 황변하여 낙엽이 되며, 결과지의 생육이 나빠진다. 주지를 파보면 아래 뿌리 주변에 구멍이 크게 나 있는 것을 볼 수 있다. 두더지는 쥐처럼 나무줄기나 뿌리를 가해하지 않는다.

② 생태

두더지는 대부분 지하갱도에서 생활한다. 갱도는 휴식과 번식을 하는 용도이다. 두더지는 반경 20~50m에 걸쳐 사방으로 갱도를 판다. 두더지는 이 길을 통하여 먹이가 있는 곳으로 향하면서 지렁이와 곤충 등을 잡아먹는다.

③ 방제대책

두더지는 함정을 이용하여 포획하는 것이 간편하고 효과적이며, 두더지가 다닌 곳은 생육이 나빠지므로 잘 밟아준다. 볏짚 등으로 피복해준 곳은 니코틴이 함유된 비료를 뿌리고 갈아엎으면 기피효과가 있다.

(2) 들쥐
① 피해진단
주지 지제부의 나무껍질을 동그랗게 식해하며 5년 이상의 성목도 고사시킨다. 주로 3~4월에 피해가 심하다.

② 생태
들쥐는 지표의 온도가 5℃ 이하가 되면 지하에서 생활하며 따뜻해지는 봄에 지상으로 나온다. 번식기는 5~7월과 9~10월 연 2회이고, 1회에 3~9마리의 새끼를 낳는다.

③ 방제대책
식해된 곳에는 살균제를 도포해주며 농장 주변에 볏짚 등을 쌓아두면 둥지가 되므로 피해야 한다. 쥐약을 살포하면 좋으나 다른 동물에게 피해를 줄 수 있으므로 취급에 주의한다.

마. 기타 장해

1) 잎의 갈반증

무화과에는 생리장해 이외에도 새순 신장기에 잎 뒷면에 5mm 정도의 갈색반점이 생기는 병변이 나타난다. 나뭇가지의 끝이 황색으로 변하는 것 등이 그 예다.

일단은 병의 증상으로 보이지만 국부적으로 발생하고 확대되지 않는다는 것이 일반 병과 다른 점이다. 뿌리의 장해 등으로 저장 양분과 동화 양분의 전환이 잘 되지 않을 경우, 양분과 수분이 원만하게 이동하지 못할 경우에 발생하는 것으로 보고 있다.

자세한 원인은 불분명하지만 배수불량 등으로 토양 조건이 나쁘고, 동해 등으로 나무가 쇠약해졌을 경우에 많이 발생하기 때문에 이러한 문제를 해결해 주어야 한다.

2) 과실껍질 상흔

태풍이나 강풍이 지나간 후 어린 과일과 잎이 서로 부딪쳐 과일에 상처를 주고 아물면서 [그림 10-7]과 같은 증상이 발생된다. 주로 상처가 난 후에 나타나는데 더뎅이병과 유사하다.

이러한 증상을 방지하려면 결과지를 지주 등에 단단히 결속하여 상처가 나지 않도록 해야 한다.

정상 과일껍질　　　　　　　　　　상처 과일껍질

[그림 10-7] 과일껍질에 생긴 상처흔적

3) 갈색반점 증후군

5월 중하순경 잎이 7~8매가 되었을 때 하단의 잎 뒷면에 직경 2~5mm의 갈색반점이 생긴다. 증상이 심한 것은 잎이 구부러지고 떨어진다. 피해 잎에서는 병원균이 검출되지 않기 때문에 생리장해로 추정된다. 5월 중하순이 양분전환기이기 때문에 저장 양분이 동화 양분과 전환이 잘 이루어지지 않아 뿌리에 문제가 발생하는 것은 아니라고 보인다. 증상은 수령에 따라 조금씩 다르므로 토양이나 수분과 관계가 있을 것으로 생각된다.

4) 결과지 선단의 황화현상

 6월 상순경에 결과지 나무 끝 잎에 황화현상이 나타날 수도 있다. 기부의 잎은 짙은 녹색을 보이지만 끝에서 4~5엽은 녹색이 없어지고 황색으로 변한다.

 6월 상순경 양분전환기가 끝나고 동화 양분에 의해 새순이 신장하는 시기에 양분을 흡수하는 세근이 약해져 결과지의 끝까지 양분을 운반하지 못해서 나타나는 결핍증상이라고 본다. 6월 중순 장마철 무렵에는 정상으로 되는 경우가 많다. 원인은 불분명하지만 끝 잎의 황화 수소에 의한 붕소 결핍이 아닌가 생각된다. 이러한 증상이 있는 과수원은 배수가 불량하거나 토양 조건이 나빠서 유효토층이 얕은 것이 주원인이기 때문에 근본적인 해결책을 도모하는 것이 필요하다.

4 병해충 및 생육장해 진단

가. 잎의 장해

구분	증상	해당 병해충 및 생육장해	비고
	기부쪽 아래 잎에 갈색 반점이 생긴다. (5월 중순~5월 하순)	생리장해	p.173
	중간마디 잎의 잎맥이 황변·갈변한다. (6월 하순~7월 상순)	습해	p.187
	하부의 잎에 암갈색의 병반이 생긴다. (6~8월)	역병	p.195
	흑갈색의 반점이 생긴다. (6월 상순~7월 하순)	탄저병	p.202
	장마 이후 갈색병반이 확대된다. 알타나리아균에 의한 낙엽. (6월 하순~7월 상순)	잎자루마름병(가칭)	p.203
	잎 뒷면에 황갈색의 가루가 생긴다. (8월 하순~10월)	녹병	p.206
	잎에 농담색의 반점이 있다. (5~7월)	모자이크병	p.207
	위쪽의 잎이 녹색을 상실한다. (7~9월)	응애류	p.220
	전엽이 되면서 잎에 구멍이 생긴다. (5월 상순)	뽕잎벌레	p.227

나. 결과지 장해

증상		해당 병해충 및 생육장해	비고
	아랫마디의 잎이 황변하여 낙엽된다. (6~9월)	① 토양건조.(관수부족) ② 뿌리 주변에 구멍이 뚫려 있다. (두더지) ③ 주지 아래에 흑갈색의 반점이 생긴다.(역병) ④ 뿌리에 백색의 균사가 생긴다. (아밀라리아뿌리썩음병) ⑤ 주지 밑이 다갈색으로 부패한다. (주고병)	① p.145 ② p.189 ③ p.195 ④ p.204 ⑤ p.208
	선단의 잎이 황화된다. (5월 하순~6월 상순)	뿌리장해	p.192

11장
병해충 방제

1 주요 병해

가. 역병

○ 병원균 : *Phytophthora palmivora Butler*
○ 영　　명 : Phytophthora blight, Phytophthora rot
○ 일　　명 : 疫病

1) 기주 및 분포
무화과, 심비디움, 벤자민, 한란, 야자, 라벤더 등에서 발생한다. 한국을 비롯해 전 세계적으로 분포한다.

2) 병징
무화과 재배에 있어서 가장 문제가 되는 병으로 노지재배에 치명적인 피해를 준다. 난지형 과수인 무화과에서는 과일을 중심으로 지상부에 주로 발생한다. 토양과 인접한 과일 아랫부분의 빗물이 튀긴 부위부터 감염되기 시작하여 점점 상부의 과일로 전염되는 증상을 보인다. 심하게 감염되면 병든 과일은 땅에 떨어진다. 병든 과일 표면에는 하얀 균사가 피고, 유주자낭이 다량으로 형성된다. 잎과 줄기에도 피해가 나타나며, 주로 어린잎이나 새순에서 발생하게 된다.

3) 병원균

병원균인 P. *palmivora*는 열대 지방에서 매우 중요한 역병균의 하나로 기주범위가 넓다. 유주자낭은 탈락성이 높고 계란형 또는 장타원형이며, 크기는 평균적으로 57×34μm이다.

4) 발생생태

주로 7~8월 고온다습한 시기에 발생하고, 30℃ 전후에서 발병이 심해진다. 장마와 태풍이 겹치는 시기에는 대발생해 수확을 전혀 할 수 없다. 강우가 지속될 경우, 9월에도 피해가 많이 나타난다. 무화과나무는 무한화서이기 때문에 계속해서 새순이 자라 잎과 열매가 달리며, 보통 아래쪽 과일부터 위쪽 과일로 익어 올라간다. 따라서 과일이 익기 시작하면 거의 매일 수확해야 되는데, 이 시기의 역병 발생은 치명적이라 할 수 있다. 주 재배 품종인 '승정도우핀'이나 '봉래시' 모두 발병이 많으나, 숙기가 빨라 장마철과 겹치는 '승정도우핀'에서 피해가 더 크다. 재배인 문제로는 수고가 낮은 일문자 수형이 다른 수형에 비해 발병이 많다. 토양 표면을 깨끗이 하는 청경재배나 배수가 불량한 토양에서 발병하기 쉽고, 밀식으로 인해 통풍이 불량하고 과번무한 재배지에서도 발병이 많다. 한편 시설재배에서도 비닐이 손상되어 빗물이 하우스 내로 들어와서 발병하는 경우가 종종 있다.

5) 방제

시설재배를 하여 빗물을 차단하면 발병하지 않는다. 노지재배에서는 토양 표면을 피복하여 빗물에 흙이 튀어 오르지 않도록 하는 것이 효과적이다. 현재 노지재배 대부분의 농가에서 잡초방제를 겸해서 실시하고 있는 흑색 P.E.필름 피복은 흙을 덮어 고정하므로 예방 효과가 거의 없을 뿐만 아니라 제거하기도 힘들고, 토양을 오염시키기도 한다.

이에 비해 보릿짚을 6월 하순까지 토양 전면에 피복하면 역병 예방뿐만 아니라 살균제 및 제초제 사용을 줄일 수 있어 안전한 과일 생산이 가능하다. 또한 보리수확 후 보릿짚 소각으로 인한 환경오염을 줄일 수 있고, 이듬해 썩게 되면 유기물 시용효과도 거둘 수 있다. 보리가 아닌 볏짚 피복은 토양 표면을 습하게 하고, 뿌리의 상승을 조장하므로 적당하지 않다. 이밖에 재배적인 조치로, 밀식되지 않도록 재식거리와 수형구성을 적절히 하여 통풍이 잘 되고 수광태세를 좋게 하면 병 발생을 경감시킬 수 있다.

역병이 발병한 과수원에서는 병에 감염된 과일과 잎, 가지 등을 모아서 소각하고 친환경 방제약제인 아인산염 1,000ppm을 10일 간격으로 2회 살포하면 방제가 가능하다. 인접한 과수원에서는 가능한 한 동시에 방제하는 것이 방제효과가 높다. 한편 무화과 역병에 등록되어 있는 약제로는 디메토모르프 수화제, 아족시스트로빈 액상수화제, 이프로발리카브.족사마이드 액상수화제, 포세틸알루미늄 수화제가 있다.

[그림 11-1] 역병 과일 피해증상

[그림 11-2] 흑색 P.E 필름 피복

6) 아인산염을 이용한 무화과 역병 방제효과

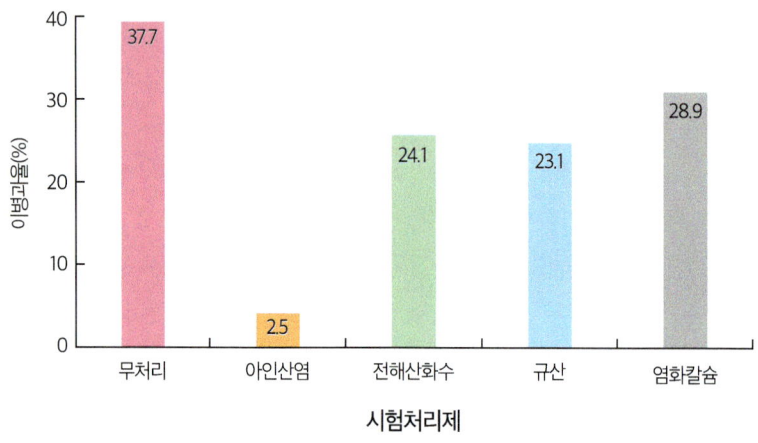

[그림 11-3] 시험처리제별 이병과율 (전남도원, 2003~2004)

○ 개발기술의 활용방법
- 강산인 아인산(H_3PO_3)은 수산화칼륨(KOH)으로 중화해서 사용해야 하며 1,000ppm을 만들기 위해 물 1,000L에 아인산 1kg과 수산화칼륨 830g이 소요되며 pH는 5.9 정도이다.
- 아인산염 제조 시 먼저 아인산을 완전히 녹인 후 수산화칼륨을 조금씩 넣으면서 천천히 녹여야 한다.
- 살포 시기는 과수원에 역병 발생과가 1~2개 정도 발생한 때로 이병과를 깨끗이 제거하여 분리 소각하고 아인산염 1,000ppm을 10일 간격으로 2회 엽면살포한다.
- 과일뿐만 아니라 잎, 줄기 등 무화과나무 전체에 골고루 묻도록 살포해야 한다.
- 이병지에서 농작업 시 병원균 전파를 막기 위해서 이병과 제거 등 토양 위생과 1회용 비닐장갑 착용 등 개인 위생에도 신경써야 한다.

나. 검은곰팡이병

○ 병원균 : *Rhizopus nigricans*
○ 영　명 : black mold
○ 일　명 : 黒かび病

1) 기주 및 분포
무화과, 고구마, 사과, 배, 복숭아, 앵두, 딸기, 피망 등에서 발생한다. 우리나라를 비롯하여 전 세계적으로 분포한다.

2) 병징
수확기에 발생하여 과일에 피해를 준다. 초기에 과정부의 갈라진 부분 과육이 적색으로 변하고 암갈색의 곰팡이가 발생하여 수침상으로 부패한다.

3) 병원균
이 병원균은 포자낭포자와 접합포자를 형성한다. 균사는 처음에 백색이지만 나중에는 암갈색으로 변한다. 포자낭은 암갈색 구형이고, 접합포자는 흑색 구형이다.

4) 발생생태
생육적온은 30℃ 부근으로 높고, 과일이 성숙하는 시기에 강우가 계속되면 발병한다. 피해 부분에 생긴 포자가 파리, 벌 등의 곤충이나 바람에 의해 잇따라 전염되어 발병이 확대된다.

5) 방제
도장지 발생이 조장되지 않도록 질소질 비료를 적절하게 시용하고 봄순을 자를 때 눈의 수를 적게 하여 수광태세나 통풍을 좋게 한다. 병든 과일을 방치하면 포자비산의 전염원이 되기 때문에 토양에 묻거나 과수원 밖에서 처리하도록 한다. 현재 무화과 검은곰팡이병에 등록되어 있는 약제는 없다.

[그림 11-4] 검은곰팡이병

다. 줄기썩음병

○ 병원균 : *Diplodia* sp.
○ 영   명 : Stem rot
○ 일   명 : かいよう病

1) 기주 및 분포

감염된 줄기부위가 약간 잘록하게 되며 병진전이 심화되면 병자각이 형성된다. 성숙된 병자각이 수분을 흡수하면 팽압의 상승으로 암갈색의 병포자가 줄기 표면으로 누출되어 검은줄기마름 병징을 나타낸다.

2) 병원균

균류의 불완전균에 속하며 준구형의 검은색 병자각을 줄기 감염부위에 독립적으로 형성한다. 병자각의 유공부위만 줄기 표피 위로 약간 돌출되어 있어서 해부현미경으로 관찰이 용이하며 때로는 육안으로도 관찰할 수 있다. 병자각의 크기는 130~360㎛ x 130~210㎛이다. 병포자는 암갈색을 띠며 2포로 크기는 17.5~27.5㎛ x 10~12.5㎛이다. 우리나라에는 버드나무 가지썩음병(枝腐病)이 이 균에 의한 병으로 등록되어 있다.

3) 발생 및 피해

Diplodia sp.균에 의한 무화과 줄기썩음병(Twig die-back)은 아직까지 국내와 일본에서는 보고된 바가 없으나 미국에서 발생된 기록이 있다.

4) 전염방법

병자각을 형성하는 균은 일반적으로 공기전염을 하지만 젖은 포자를 형성하므로 비산거리가 짧은 편이다. 그러나 태풍이 불 때나 비가 많이 와서 병포자가 빗방울에 튀면 전염이 용이해져 건전주로 전파된다. 그러므로 고온다습한 환경에서 발병이 심화될 것으로 사료된다.

5) 방제

무화과나무에 등록된 농약은 없으나 역병에 등록된 '오티바'가 방제의 스펙트럼이 넓어서 효과가 있을 것으로 판단된다.

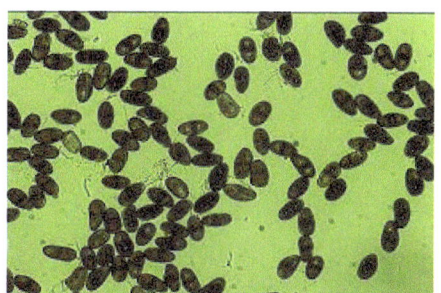

[그림 11-5] 줄기썩음병균 포자

[그림 11-6] 줄기썩음병 증상

[그림 11-7] 줄기썩음 병반 부위

라. 탄저병

- 병원균 : *Glomerella cingulata*
- 영　명 : Anthracnose
- 일　명 : 炭そ病

1) 기주 및 분포
무화과, 사과, 배, 포도, 복숭아, 고추 등에서 발생한다. 우리나라를 비롯해 전 세계적으로 분포한다.

2) 병징
주로 과일과 잎에 발생하고 5~10월까지 나타난다. 잎에는 갈색의 원형 또는 부정형의 반점이 생겨 커지고, 병반내부는 찢어진다. 과일에도 같은 모양의 병반이 생긴다. 이는 약간 들어간 형태로 보이다가 커지며, 흑색의 작은 반점이 나타난다. 습한 상태에서는 연한 황색의 포자 덩어리가 밀생한다.

3) 병원균
이 병원균은 분생포자를 형성하나 드물게 자낭포자도 형성한다. 분생포자는 무색 단세포이고 타원형 또는 원통형이다.

4) 발생생태
병원균의 균사 또는 분생자가 발생과일에 부착하여 월동하고, 이듬해 비바람이나 곤충에 의해 전염된다.

5) 방제
병든 과일을 제거하여 다음 해 월동원이 되지 않도록 한다. 발생이 많지 않으며, 시설재배에서는 피해가 거의 없고, 현재 등록된 약제는 없다.

[그림 11-8] 탄저병

마. 잎자루마름병(가칭)

　병원균은 *Alternaria* sp.로 추정되며, 정확한 발생생태는 알려져 있지 않지만 보통 6월 하순부터 7월 상순에 새순의 중간에 위치한 잎에서 많이 발생한다. 처음에는 잎자루에 반점이 생기면서 점차 위아래로 확대되고 갈변된다. 병이 심해져 잎의 무게를 견디지 못하면 아래로 꺾이게 되고, 잎은 마르고 부패되어 낙엽된다. 장기간 비가 계속될 경우와 태풍이 지나간 후에 발생이 많으며, 특히 과번무한 과수원에서 발생이 많다. 적절한 결과지 배치로 수광태세와 통풍을 양호하게 하여 병 발생을 예방한다.

[그림 11-9] 잎자루마름병 후기

바. 아밀라리아뿌리썩음병

○ 병원균 : *Armillaria* spp. [Honey mushroom, 뽕나무버섯]
○ 영　명 : Armillaria root rot, Shoestring root rot

1) 기주 및 분포

소나무, 잣나무, 낙엽송, 삼나무, 편백나무, 자작나무, 전나무, 참나무류, 느티나무, 뽕나무, 벚나무, 오동나무, 포플러나무, 오리나무류, 밤나무, 호두나무, 사과나무, 배나무, 복숭아나무, 포도나무, 무화과나무 등에서 발생한다. 한국, 미국, 캐나다, 유럽 등 전 세계에 분포한다.

2) 피해

전 세계적으로 나타나는 병으로 아밀라리아종균들의 대부분은 저병원성이어서 잎이 떨어진 후나 수분 스트레스 혹은 다른 요인에 의해 나무가 약해져 있는 상태에서 발생하여 나무를 죽게 만든다. 그러나 몇몇의 아밀라리아종균들은 원래부터 높은 병원성을 지니고 있어 건전한 나무를 죽일 수 있다. 때때로 이들은 뿌리에 발생되는 곰팡이, 2차적인 곤충 등과 함께 복합적인 피해를 준다. 서북미 지역의 어떤 침엽수림에서는 아밀라리아균에 의해 매년 35% 정도 나무가 고사되는 것이 확인되었다. *A. ostoyae*는 오레곤주의 한 지역에서 1,020ha에 이르는 피해를 주고 있으며 2400년에 걸쳐 발생된 것으로 기록되고 있다.

3) 병원균

1970년대 이전에는 아밀라리아균의 종들을 구별할 수 없었으나 1970년대 말부터 1990년대에 걸쳐 이들 종류를 구별하여 북미에서는 현재까지 10종의 아밀라리아균들이 보고되었다(*A. mellea, A. ostoyae, A. sinapina, A. germina, A. cepistipes, A. gallica, A. calvescens, A. tabescens, A. nabsnona, Armillaria* sp.). 이 중에서 병원성이 높은 *A. mellea*는 주로 활엽수에 피해를 주지만 침엽수에도 병을 일으키며 *A. ostoyae*는 침엽수와 활엽수 모두 피해를 준다.

현재까지 국한적이긴 하지만 아밀라리아균들에 의해 경기도와 강원도의 잣나무 조림지에 단독적으로 고사목이 발생하고 있다. 그 주변에는 지제부에 송진이 흐르는 나무가 다수 분포하고 있어 지속적인 피해가 예상된다. 또한 최근 스트로브잣나무에도 이 병의 피해가 확인되었다.

4) 발생생태

우리나라에서는 무화과 주산지인 남서해안 지역에서 발생되고 있으며 주로 '봉래시'에서 발생되고 있다. 병이 발생하면 인근으로 확산된다. 비온 후 시들음 증상이 나타나기를 반복하고 이후에 고사한다. 고사된 나무를 뽑아 보면 뿌리에 흰색의 곰팡이가 번져있으며, 뽑아낸 자리의 토양에도 감염되어 있는 것을 볼 수 있다. 이미 감염된 토양에 묘목을 다시 식재하면 곧바로 감염되어 고사하기 때문에 보식을 위해 토양소독을 철저히 하거나 객토를 실시한 후에 식재하여야 한다.

5) 방제

이 병해는 일단 임지에서 발생하면 방제하기가 대단히 어렵다. 따라서 주기적이고 지속적인 예찰조사로 초기 발견하여 초동방제 하는 것이 무엇보다 중요하다. 병원균의 자실체는 발견 즉시 제거하고 병든 뿌리는 뽑아서 태운다. 병든 식물의 주위에 깊은 도랑을 파서 균사가 전파되는 것을 방지한다. 발병지에는 수년간 벼과작물을 재배한다. 또 토양소독제로 소독하고, 석회를 시용하여 토양을 가급적 알칼리성으로 개량한다.

[그림 11-10] 아밀라리아뿌리썩음병 감염 포장

[그림 11-11] 아밀라리아뿌리썩음병에 의한 고사

사. 눈 마름병(아고병)

눈 마름 증상은 6월에서 7월 상순 사이에 결과지 선단부의 눈 부위가 고사하는 증상이다. 이후에 경화되지 않은 부분까지 진행되어 줄기는 갈색으로 변하면서 마르고 낙엽된다.

장마기나 비가 계속 내리는 시기에 많이 발생한다. 병 부위에서 박테리아가 검출되기 때문에 박테리아에 의한 것으로 생각하고 있다.

이러한 증상이 나타나면 병든 결과지가 보이는 그 아래 건전한 가지까지 잘라내어 묻거나 태워 버린다.

[그림 11-12] 눈 마름 증상

아. 녹병

수병(銹病)이라고도 한다. 잎에 생기면 철의 녹과 같은 포자덩어리를 만들어 녹병이라는 이름이 붙여졌다. 밀, 보리, 콩, 옥수수, 소나무, 배나무 등의 식물 세포 내에 흡기를 형성하여 양분을 흡수하므로 농작물과 임목에 피해를 준다.

녹병은 대단히 많은 종의 식물에서 발생하는데 1종 균의 기생범위는 좁고 기생성 분화가 되는 균이다. 녹포자는 털 모양, 작은 그릇 모양 등 독특한 모양으로 포자층에 형성되는데, 간혹 소나무혹병과 같이 이상비대하여 줄기에 혹 모양이 생기는 것도 있다. 녹병균은 소생자(小生子), 녹포자, 여름포자, 겨울포자까지 4종류 포자를 가지는데, 녹포자시기, 여름포자시기, 겨울포자시기를 다른 식물에서 지내는 것이 많다. 이와 같은 성질을 이종기생성, 이런 현상을 이종기생 또는 숙주교대라고 한다. 밀붉은녹병은 밀에서 여름포자, 겨울포자를 만들고 좀의 꿩다리를 중간숙주로 하여 녹포자시기를 그곳에서 지내는 숙주윤회를 한다. 배나무붉은별무늬병도 녹병의 일종인데 이 녹병균의 중간숙주는 향나무, 가이즈카향나무이다. 녹병의 방제를 위해 중간숙주를 없애고 녹병에 강한 품종을 재배하며, 병이 발생하였을 때는 석회황합제, 지네브제, 보르도액 등을 뿌려 준다(두산백과).

[그림 11-13] 녹병

자. 모자이크병

　식물의 잎, 특히 새 잎의 농녹색 부분과 담록색 또는 황록색 부분이 모자이크 모양으로 나타난다. 이것은 바이러스병의 큰 특징 중 하나로서 이런 증세를 나타내는 식물병을 모자이크병이라 총칭한다.
　대개의 경우 모자이크병 증세 외에 위축증세를 수반한다. 병원 바이러스의 종류는 매우 많고, 오이모자이크바이러스나 담배모자이크바이러스처럼 대단히 많은 식물에 기생하나, 콩류모자이크바이러스처럼 비교적 기생 범위가 좁은 것도 있다. 전염방법도 접촉전염, 충매전염 등 각 바이러스에 따라 다르다. 현재로서는 직접적으로 바이러스에 작용하는 농약은 없고, 매개하는 곤충을 구제하여 이 병을 방지하고 있다(두산백과).

[그림 11-14] 모자이크병

차. 주고병

1) 병징

주지의 지제부위 표피가 다갈색으로 변하며 나무가 급격하게 고사하는 병이다. 뿌리의 끝에는 피해가 없는 것이 특징이다. 표피를 벗겨보면 표층부는 갈변하고 목질부 조직은 죽어있다. 감염이 매우 빨라 1~2년 안에 과수원의 절반 가까이 고사할 수도 있다.

2) 발생생태

주고병은 목재부식균의 일종으로 균사의 분생포자를 발생시킨다. 병원균은 고구마 흑색부패병원균과 형태적으로 동일하다.

병원균은 피해줄기와 뿌리에서 월동하고 토양, 비, 바람을 통하여 비산·전염된다. 토양이 다습하면 발생하기 쉽다. 발육적온은 15~30℃이고 35℃ 이상의 고온에서는 발병하지 않는다.

6월 하순에서 7월 상순, 9월 하순 등 계속되는 비에 의하여 발병이 조장된다. 고온건조가 지속되는 7월 중순에서 9월 상순에도 발병한다.
  주고병은 뽕나무 등에서 기생한다. '승정도우핀'이 이에 약하고 '세레스토'에서는 기생하지 않는다. 질소질이 많으면 발병을 조장하는 경향이 있고 인산과 칼륨 비료는 발병을 억제하는 효과가 있다.

3) 방제

  지상부 및 지하부는 전염력이 강하기 때문에 피해주를 조기에 발견하여 없앤다. 피해주와 그 주변에는 톱신엠 수화제를 뿌려주고, 토양 pH가 7 이상이면 분생포자의 형성이 저하되므로 석회를 시용하여 pH를 7~8로 높여준다.

카. 줄기마름병(Dieback)

1) 병원균 : *Lasiodiplodia theobromae.*

  병원균은 *Lasiodiplodia theobromae*로 곰팡이의 일종이며, 외국에서는 무화과, 망고 등 작물에 피해를 주고 있는 병으로 알려져 있다. PDA 배지에서 콜로니색은 검은회색에서 검은색으로 균사가 밀집되어 형성되고 30일 배양하면 분포자기가 형성되며 분포자기 안에 투명체로 격막이 있는 측사를 형성한다. 분생포자는 단세포로 초기에는 투명하나 시간이 지나면 짙은 갈색으로 단일 격막이 생기며, 크기는 평균 $25.9±2.2μm×12.0±1.5μm$ 정도이다. 분생자형성층은 투명하며 두꺼운 벽으로 이루어져 있고 원통형이며 짧은 모양이다.

2) 병징

  무화과나무의 하단부 줄기 부위에 궤양 증상이 생겨 나무의 생장이 약해지고 검은색의 작은 점이 생겨 점차 확대된다. 병반부의 검은 포자가 많이 누출되어 그을음으로 도포한 것처럼 보이며 피해부위의 줄기 속 조직이 괴사하는 증상을 보인다. 병반부에 형성된 분생포자가 비산하여 열매나 잎에 부착하여 상품성을 떨어뜨리기도 한다.

3) 발생생태

　병원균은 병든 식물의 목질부 가장자리에서 월동한다. 월동한 병원균은 비나 바람에 의해 분생포자가 다른 나무로 전파되어 식물체에 부착하여 퍼지게 된다. 분생포자가 새로 자른 조직 등에 부착되면 병이 발생한다. 궤양은 초기 감염지점을 중심으로 형성되기 시작하고 결국에는 도관계를 완전히 침해하여 괴사는 줄기마름증상을 일으킨다.

3) 방제

　병이 발생한 피해부위를 제거하여 전염원을 줄이고 습도가 높으면 병발생과 진전이 잘 이루어지므로 시설재배의 경우 환기에 유의한다. 수세가 약해지면 병에 걸리기 쉬우므로 질소질 비료의 과잉이 되지 않도록 시비하여 수세를 강하게 관리한다. 병원균의 비산을 줄이기 위하여 습하거나 비오는 날 전정을 피한다.

[그림 11-15] 무화과나무 줄기에 나타난 피해증상

[그림 11-16] 무화과 열매와 잎에 나타난 피해증상

2 주요 해충

가. 대만총채벌레

- 학명 : *Frankliniella intonsa*(Trybom)
- 영명 : flower thrips, garden thrips
- 일명 : ヒラズハナアザミウマ

1) 기주 및 분포

무화과, 오이, 수박, 호박, 메론, 고추, 피망, 토마토, 가지, 딸기, 마늘, 강낭콩, 국화, 장미, 카네이션, 백합, 글라디올러스, 아이리스, 프리지아, 코스모스 등에서 발생한다. 한국, 일본, 대만을 비롯해 전 세계에 걸쳐 분포한다.

2) 형태

암컷 성충은 몸길이가 약 1.5mm 정도로 갈색 또는 암갈색을 띤다. 수컷은 몸길이가 1mm 내외이다. 황색 내지는 황갈색이며, 종종 복부배관은 담갈색이다. 약충과 번데기는 꽃속에서 관찰되며 황색이다. 알은 길이가 약 0.4mm 로서 유백색을 띠며, 꽃 조직 내에 산란하므로 눈으로는 볼 수 없다.

3) 피해증상

무화과 과실의 횡경이 25mm 정도 자랐을 때 과실 과정부 입구가 열리는 데 이때 이곳을 통하여 과실 내로 침입한다. 시설재배에서 5월 중하순부터 과실에 침입하여 꽃을 가해하며, 내부를 갈변시킨다. 가해 초기에는 외관상 증상이 나타나지 않아 과실을 절단하지 않고서는 총채벌레 피해를 확인할 수 없다. 피해가 심한 경우에는 7월 상순경에 과실 입구를 중심으로 보라색을 띠며 모양이 부정형으로 변한다. 이렇게 변색된 과실은 성숙하지 못하고 결국 썩게 되며, 해충은 인접한 새로운 과실로 옮겨 가해한다. 심하게 피해를 받지 않는 과실은 정상적으로 성숙을 하지만, 과실을 쪼개 보면 꽃이 위치한 중앙부위가 갈변되었거나 속이 비어있는 경우가 있다. 수확 시 외관상 건전 과실로 보이나 과실 과정부 입구가 갈변된 경우에는 대부분 총채벌레 가해 흔적이다.

총채벌레는 무화과 과실이 착과되지 않은 시기에는 어린 잎의 내부를 가해한다. 때문에 총채벌레 예찰은 어린 잎을 관찰하면 된다. [그림 11-15]와 같이 총채벌레가 없는 재배지에서의 어린 잎은 정상적이지만 총채벌레가 있다면 어린 잎을 가해한 흔적을 찾아볼 수 있다. 어린 잎의 내부를 보면 총채벌레를 확인할 수 있다. 총채벌레의 밀도가 높은 경우 최초로 착과되는 어린 과일이 갈색으로 변하면서 낙과가 되기도 한다. 이러한 현상을 발견하면 즉시 방제하여야 한다.

[그림 11-15] 정상 어린 잎

[그림 11-16] 가해된 어린 잎

[그림 11-17] 가해된 어린 과일

[그림 11-16] 무화과 열매와 잎에 나타난 피해증상

2 주요 해충

가. 대만총채벌레

○ 학명 : *Frankliniella intonsa*(Trybom)
○ 영명 : flower thrips, garden thrips
○ 일명 : ヒラズハナアザミウマ

1) 기주 및 분포

무화과, 오이, 수박, 호박, 메론, 고추, 피망, 토마토, 가지, 딸기, 마늘, 강낭콩, 국화, 장미, 카네이션, 백합, 글라디올러스, 아이리스, 프리지아, 코스모스 등에서 발생한다. 한국, 일본, 대만을 비롯해 전 세계에 걸쳐 분포한다.

2) 형태

암컷 성충은 몸길이가 약 1.5mm 정도로 갈색 또는 암갈색을 띤다. 수컷은 몸길이가 1mm 내외이다. 황색 내지는 황갈색이며, 종종 복부배관은 담갈색이다. 약충과 번데기는 꽃속에서 관찰되며 황색이다. 알은 길이가 약 0.4mm 로서 유백색을 띠며, 꽃 조직 내에 산란하므로 눈으로는 볼 수 없다.

3) 피해증상

　무화과 과실의 횡경이 25mm 정도 자랐을 때 과실 과정부 입구가 열리는데 이때 이곳을 통하여 과실 내로 침입한다. 시설재배에서 5월 중하순부터 과실에 침입하여 꽃을 가해하며, 내부를 갈변시킨다. 가해 초기에는 외관상 증상이 나타나지 않아 과실을 절단하지 않고서는 총채벌레 피해를 확인할 수 없다. 피해가 심한 경우에는 7월 상순경에 과실 입구를 중심으로 보라색을 띠며 모양이 부정형으로 변한다. 이렇게 변색된 과실은 성숙하지 못하고 결국 썩게 되며, 해충은 인접한 새로운 과실로 옮겨 가해한다. 심하게 피해를 받지 않는 과실은 정상적으로 성숙을 하지만, 과실을 쪼개 보면 꽃이 위치한 중앙부위가 갈변되었거나 속이 비어있는 경우가 있다. 수확 시 외관상 건전 과실로 보이나 과실 과정부 입구가 갈변된 경우에는 대부분 총채벌레 가해 흔적이다.

　총채벌레는 무화과 과실이 착과되지 않은 시기에는 어린 잎의 내부를 가해한다. 때문에 총채벌레 예찰은 어린 잎을 관찰하면 된다. [그림 11-15]와 같이 총채벌레가 없는 재배지에서의 어린 잎은 정상적이지만 총채벌레가 있다면 어린 잎을 가해한 흔적을 찾아볼 수 있다. 어린 잎의 내부를 보면 총채벌레를 확인할 수 있다. 총채벌레의 밀도가 높은 경우 최초로 착과되는 어린 과일이 갈색으로 변하면서 낙과가 되기도 한다. 이러한 현상을 발견하면 즉시 방제하여야 한다.

[그림 11-15] 정상 어린 잎　　　[그림 11-16] 가해된 어린 잎　　　[그림 11-17] 가해된 어린 과일

6월 하순에서 7월 상순, 9월 하순 등 계속되는 비에 의하여 발병이 조장된다. 고온건조가 지속되는 7월 중순에서 9월 상순에도 발병한다.

주고병은 뽕나무 등에서 기생한다. '승정도우핀'이 이에 약하고 '세레스토'에서는 기생하지 않는다. 질소질이 많으면 발병을 조장하는 경향이 있고 인산과 칼륨 비료는 발병을 억제하는 효과가 있다.

3) 방제

지상부 및 지하부는 전염력이 강하기 때문에 피해주를 조기에 발견하여 없앤다. 피해주와 그 주변에는 톱신엠 수화제를 뿌려주고, 토양 pH가 7 이상이면 분생포자의 형성이 저하되므로 석회를 사용하여 pH를 7~8로 높여준다.

카. 줄기마름병(Dieback)

1) 병원균 : *Lasiodiplodia theobromae.*

병원균은 *Lasiodiplodia theobromae*로 곰팡이의 일종이며, 외국에서는 무화과, 망고 등 작물에 피해를 주고 있는 병으로 알려져 있다. PDA 배지에서 콜로니색은 검은회색에서 검은색으로 균사가 밀집되어 형성되고 30일 배양하면 분포자기가 형성되며 분포자기 안에 투명체로 격막이 있는 측사를 형성한다. 분생포자는 단세포로 초기에는 투명하나 시간이 지나면 짙은 갈색으로 단일 격막이 생기며, 크기는 평균 $25.9±2.2\mu m × 12.0±1.5\mu m$ 정도이다. 분생자형성층은 투명하며 두꺼운 벽으로 이루어져 있고 원통형이며 짧은 모양이다.

2) 병징

무화과나무의 하단부 줄기 부위에 궤양 증상이 생겨 나무의 생장이 약해지고 검은색의 작은 점이 생겨 점차 확대된다. 병반부의 검은 포자가 많이 누출되어 그을음으로 도포한 것처럼 보이며 피해부위의 줄기 속 조직이 괴사하는 증상을 보인다. 병반부에 형성된 분생포자가 비산하여 열매나 잎에 부착하여 상품성을 떨어뜨리기도 한다.

3) 발생생태

 병원균은 병든 식물의 목질부 가장자리에서 월동한다. 월동한 병원균은 비나 바람에 의해 분생포자가 다른 나무로 전파되어 식물체에 부착하여 퍼지게 된다. 분생포자가 새로 자른 조직 등에 부착되면 병이 발생한다. 궤양은 초기 감염지점을 중심으로 형성되기 시작하고 결국에는 도관계를 완전히 침해하여 고사는 줄기마름증상을 일으킨다.

3) 방제

 병이 발생한 피해부위를 제거하여 전염원을 줄이고 습도가 높으면 병발생과 진전이 잘 이루어지므로 시설재배의 경우 환기에 유의한다. 수세가 약해지면 병에 걸리기 쉬우므로 질소질 비료의 과잉이 되지 않도록 시비하여 수세를 강하게 관리한다. 병원균의 비산을 줄이기 위하여 습하거나 비오는 날 전정을 피한다.

[그림 11-15] 무화과나무 줄기에 나타난 피해증상

4) 발생생태

개화식물의 꽃에 많이 발생하여 낙화한 꽃과 낙엽 사이에서 성충으로 월동한다. 성충은 봄에 일찍 개화하는 매실, 벚나무 등의 꽃에서 보이기 시작하며, 그 후부터 다른 꽃의 개화시기에 맞추어 순차적으로 이동하여 기생한다. 클로버와 같이 봄부터 가을까지 연속적으로 꽃이 피는 식물에서는 연중 세대를 반복한다. 무화과나무의 경우 노지재배에서는 피해가 많지 않으나 시설재배에서는 피해가 심하다. 시설재배에서는 5월 상중순부터 발생하여 6월 중순~7월 중순에 발생이 많고, 그 이후에는 밀도가 감소한다. 대만총채벌레는 발육이 매우 빨라 25℃의 기온의 경우 부화에서 우화까지 약 7일 정도 걸리고, 번식이 매우 왕성하여 대발생하게 된다. 성충의 비산능력은 적지만 기류를 타고 상당한 거리까지 이동이 가능하며 주로 오전에 비래한다.

5) 방제

총채벌레의 밀도를 적게 하기 위해 과원 주변의 잡초 등을 제거하여 월동처를 없애고, 과수원 내 낙엽이나 전정가지 등을 소각한다. 광반사필름을 멀칭하고, 광반사테이프를 붙여 과수원 내로 들어오지 못하도록 해야 한다. 시설재배에서 지나친 밀식은 총채벌레의 피해를 증가시키는 원인이 되므로 적절한 재식거리를 유지해야 한다. 총채벌레가 과일에 들어가기 전에 과일 입구를 봉쇄하면 효과적이지만 노동력이 많이 소요된다. 시설재배에서는 반사필름이나 타이벡과 같은 재질로 바닥을 멀칭하면 피해를 줄일 수 있다. 또한 총채벌레는 번데기가 되기 위해서 땅으로 떨어지기 때문에 재배상자를 멀칭하면 발생을 억제하는 데 효과가 좋다. 총채벌레를 예찰하거나 유살하기 위해서는 청색이나 황색의 끈끈이트랩이 효과적이다. 한편 총채벌레 천적으로는 오이이리응애가 있으나, 고온기에는 적응성이 낮다. 밀도가 높을 때는 화학적 방제도 고려해야 한다. 현재 등록된 약제는 스피노사드 액상수화제, 에마멕틴벤조에이트 유제, 티아메톡삼 입상수화제 등이 있다.

총채벌레는 화학적인 농약으로는 방제하기가 쉽지 않다. 물리적으로 총채벌레가 침입하는 과정부를 막는 방법을 일부 농가에서 시행하고 있는데 효과가 크다. 노지나 시설재배에서 가장 큰 피해를 주고 있는 총채벌레는 착과된 지 15~20일경에 어린 과실의 내부에 침입하여 작은 꽃을 가해하기 때문에 이미 침입한 총채벌레의 방제는 매우 어렵다. 화학농약을 사용하여도 효과가 거의 없기 때문에 물리적인 방법을 소개한다.

펀칭된 한지를 물에 담금 / 과정부에 붙임

붙인 후 물 스프레이 / 과정부 막음 완료

[그림 11-18] 총채벌레 침입방지를 위한 한지 이용

[그림 11-18]처럼 한지를 조그마하게 원으로 잘라 과일의 눈을 막아주면 총채벌레의 피해를 막을 수 있다. 일반적으로 총채벌레를 방치할 경우에는 결과지당 1~3개가 상품이 되지 못한다. 따라서 위와 같이 한지 등을 이용하여 어린 과일 속에 총채벌레가 침입하기 전에 막아주면 피해가 생기지 않는다.

[그림 11-19] 피해 과실(위), 정상 과실(아래)
[그림 11-20] 암컷 성충
[그림 11-21] 외관 피해증상

나. 뿌리혹선충

○ 학명 : *Meloidogyne* sp.
○ 영명 : Northern root-knot nematode

1) 기주 및 분포

무화과를 비롯한 복숭아, 산수유, 오미자, 당근, 인삼, 고추, 가지, 땅콩, 감자, 담배, 작약, 맥문동, 무궁화 등 목본식물에서부터 초본식물까지 다양하게 발생한다.

세계적으로 분포하며 온대 지방을 중심으로 열대·아열대 지방의 고지대에도 분포한다. 한국을 비롯한 아시아와 유럽, 북아메리카, 남아메리카, 오스트레일리아, 뉴질랜드 등 여러 나라에서 발견된다.

2) 형태

암컷은 체장이 419~845㎛로 짧은 목을 가진 서양배 모양이며 꼬리 끝과 항문사이에서 뚜렷한 점각부가 형성되어 있다. 수컷은 791~1,432㎛ 크기로 애벌레 모양과 비슷하며, 유충은 395~466㎛ 정도이다. 뿌리혹선충이 뿌리에 침입하는 생육단계는 2기 유충으로 보통 뿌리골무(root-cap) 바로 윗부분을 통하여 침입한다. 2기 유충은 대부분 아직 분화되지 않은 뿌리세포 사이로 이동하여 뿌리 중심부에 구침을 박고 가해한다. 식물세포에는 유충머리 주변에 강렬한 세포배가 일어나 거대 세포가 된다.

거대세포와 혹이 형성되는 동안 유충의 폭은 증가하고 꼬리가 사라지며 암컷인 경우에는 서양배 모양으로 점차 변한다. 대부분의 유충은 암컷으로 변하지만 먹이환경이 불량하면 수컷 비율이 높아지고 뿌리혹을 탈출한다. 암컷은 성숙하면 뿌리혹 밖에 젤라틴을 분비하여 낭을 만들고 그 속에 수백 개에서 천 개 이상의 알을 낳는다. 낭에서 부화한 유충은 1기 유충이며 한번 탈피하면 2기의 유충이 되어 또 다시 인접한 뿌리를 침식한다.

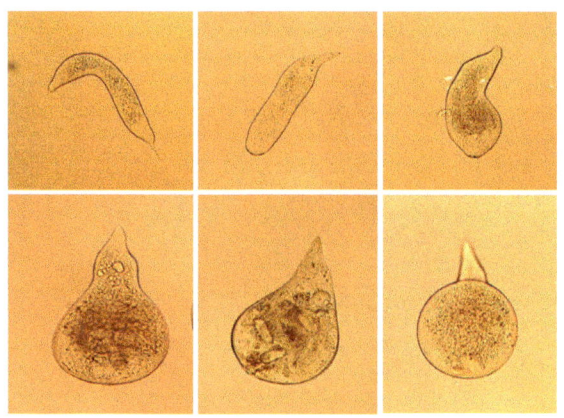

[그림 11-22] 뿌리에서 암컷 발육단계

3) 피해증상

　뿌리혹선충의 피해증상은 뿌리에 혹을 형성함으로써 물질 수송을 방해하고 양분을 탈취하여 수세를 감소시키거나 뿌리를 썩게 만드는 등의 피해를 입힌다. 무화과나무에서 나타나는 증상은 일반적으로 신초생장이 불량하고 잎과 과실이 작아지며, 심한 경우에는 착과가 되지 않는다. 무화과나무에서 방제가 필요한 유충의 밀도는 토양 300g당 3,000마리 이상(뿌리 1g당 뿌리혹이 70개 이상)이며, 10,000마리 이상(뿌리 1g당 뿌리혹이 100개 이상)에서는 현저한 생육저하를 보인다. 특히 20,000마리 이상에서는 착과가 이루어지지 않는다.

[그림 11-23] 뿌리혹선충에 감염된 뿌리

4) 발생생태

알에서 4단계 애벌레를 거쳐 어른벌레가 되며 1세대의 발육기간은 20℃에서 57~59일이 소요된다. 최적 조건에서는 35일이면 한세대를 거친다. 애벌레는 토양에 있다가 무화과나무의 뿌리로 침투하여 양분을 빨아 먹는다. 뿌리에 침투한 후에 뿌리에 혹을 형성하고, 그 속에 400~500개의 알을 산란한다.

부화된 애벌레는 토양으로 나온 후 새로운 뿌리에 침입하여 피해를 준다. 토양 내 뿌리혹선충의 수직분포는 표토에서 30cm까지 91%가 분포하고 수평분포는 동·서·남쪽은 비슷하나 북쪽은 다소 낮게 분포한다.

무화과재배 주산지인 전남 지역에서는 뿌리혹 내에 2기 유충에서 성충까지 혼재하며 연중 발생한다. 6월부터 9월까지의 고온기에는 유충밀도가 다소 감소하지만 온도가 낮아지는 10월부터 5월까지는 많은 경우 300g당 10,000마리 이상으로 증가하기도 한다. 2기 유충 발생 최성기는 3월 중하순과 10월 하순~11월 상순이다.

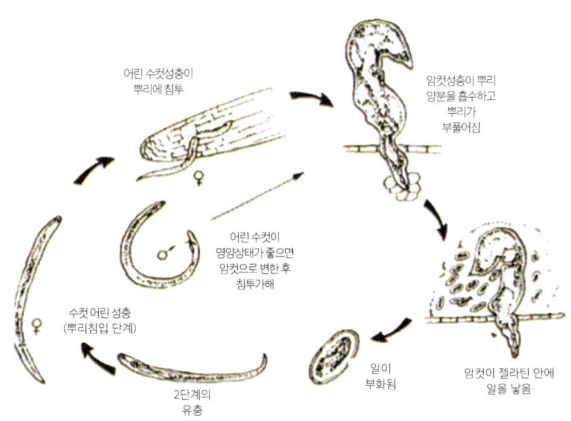

[그림 11-24] 뿌리혹선충 생활사

5) 방제법

나무가 자주 시들고 왜화증상이 일어나면 뿌리를 파보아 혹이 있는지를 확인해야 한다. 무화과나무는 영년생으로 한번 감염이 되면 방제하기가 매우 어렵다. 따라서 묘목시기부터 선충의 침입을 방지해야 한다.

선충에 감염된 묘목은 폐기하고 묘목생산 재배지는 반드시 토양소독을 실시하여야 한다.

약제 살포 시기는 3월 상순이 적기이다. 한편 큰방가지똥이나 보리뺑이와 같은 선충이 선호하는 월년생 잡초를 제거하면 뿌리혹선충의 밀도를 낮출 수 있다.

다. 뽕나무하늘소

○ 학명 : *Apriona germari* (Hope)
○ 영명 : mulberry longicorn
○ 일명 : クワカミキリ

1) 기주 및 분포

무화과, 사과, 배, 복숭아, 귤, 대추 등에 발생한다. 한국, 중국, 일본, 대만, 인도, 미얀마, 베트남 등지에 분포한다.

2) 형태

몸길이는 35~45mm로 하늘소(*Massicus raddei*)와 비슷하나 크기도 작고 폭도 좁은 편이다. 몸은 흑색이나 회황색의 미세한 털로 덮여 있다. 앞가슴 등판의 양옆에 뾰족한 가시돌기가 있으며, 딱지날개의 앞쪽에는 알맹이 모양의 작은 돌기들이 있다. 흑색 더듬이 밑쪽의 절반 이상이 흰색의 미세한 털로 덮여 있다. 수컷은 몸길이보다 조금 길고 암컷은 약간 짧다. 노숙유충은 황백색 굼벵이로 머리는 검은색이며 70mm 정도이다.

3) 피해증상

 야행성으로 뽕나무나 뽕나무과인 무화과나무에 피해가 많다. 특히 시설재배보다 노지재배에서 많다. 알에서 깨어난 유충은 겉껍질 밑의 형성층까지 먹는다. 자라면서 목질부 가운데로 굴을 뚫고 들어가 10~20cm 간격으로 구멍을 내고, 그곳에서 나무가루를 배출한다. 뽕나무하늘소의 가해로 수세가 약해지고, 심하면 나무 전체가 고사한다. 나무가 생장하면서 피해 구멍은 점점 커지게 되어 직접적인 피해뿐만 아니라 줄기썩음병을 유발하는 등 2차적인 피해를 주기도 한다.

4) 발생생태

 2년에 1회 발생하고, 유충상태로 가지 내부에서 월동한다. 이듬해 봄에 나뭇가지에 굴을 뚫어 고치집을 만든다. 성충이 되어서는 나무 구멍을 키워 밖으로 나온다. 성충은 7~8월에 많이 나타나서 작은 가지를 물어뜯고 그곳에 산란하며 100여 개의 알을 낳는다.

5) 방제

 성충발생기에는 야간에 성충을 직접 잡아 유살하거나 산란부위를 찔러 알을 죽이고, 똥이 나오는 구멍에 살충제를 주입한다. 살충제를 주입할 때는 아랫부분의 구멍을 막고 위쪽 구멍에 주입해야 효과가 있다.

[그림11-25] 뽕나무하늘소 성충

[그림 11-26] 뽕나무하늘소 피해증상

라. 무화과초파리

○ 학명 : *Drosophila(Sophophora) ficusphila Kikkawa et Peng*
○ 영명 : fruit fly
○ 일명 : イチジクショウジョウバエ

1) 기주 및 분포
무화과, 포도 등 각종 과일을 가해한다. 한국, 일본 등지에 분포한다.

2) 형태
성충의 체장이 2~3mm 정도이다. 몸빛깔은 황갈색이고 눈은 붉은색이며 더듬이는 황색이다.

3) 피해증상
수확 적기에 완숙된 과정부의 열려 있는 구멍으로 초파리가 침입하여 산란한다. 유충이 가해하며 과일 속에서 번데기가 된다. 이러한 과일은 쉽게 부패할 뿐만 아니라 상품가치가 없다. 수확기와 장마가 겹칠 경우 초파리에 의한 피해가 늘어나며 상품과 생산이 불가능하다.

4) 발생생태
시설재배 무화과에서는 과일이 성숙하기 시작하는 7월 상순부터 발생해 10월 상순까지 높은 밀도를 유지하다 온도가 내려가는 10월 하순부터 감소한다.

5) 방제법
낙과되거나 병든 과일을 제거하는 등 과수원 내 위생에 주의를 기울여야 한다. 간이유살트랩을 만들어 나무에 달아두면 효과적으로 방제할 수 있다.

[그림 11-27] 무화과초파리 피해증상　　[그림 11-28] 초파리　　[그림 11-29] 간이유살트랩

　유살트랩은 페트병에 5mm 정도의 구멍을 뚫고 잘 익은 무화과 등 유인용 과실을 매달고 밑에 비눗물을 부어 놓는다. 설치한 후 5~10일이 지나면 과실이 부패하여 유인효과가 떨어지며, 자체에서 번식한다. 따라서 유인용 과실을 땅에 묻어 폐기하고, 신선한 과실과 비눗물로 교환한다.

　초파리가 발생하면 건전한 과실도 초파리의 피해를 받아 과수원 전체로 퍼진다. 초파리가 발생하는 것은 완숙된 과실을 수확하지 않아 과실에서 초산발효가 일어나기 때문이다.

　물론 과숙한 과실을 수확하지 않을 농가가 없겠지만 수확할 때 성숙된 과실을 하나도 남기지 않고 수확하는 것이 예방책이다. 수확 초기 아랫마디에서 수확이 시작되므로 일조가 나쁘거나 계속된 강우나 흐린 날씨가 지속되면 과실 자체는 성숙하겠지만 과실에 착색이 되지 않아 미성숙한 과실로 착각하고 지나쳐 과실에서 초산발효가 진행되어 초파리가 발생하기도 한다. 이런 시기에는 어느 정도 과실의 부피가 커졌다고 생각하면 만져보고 나무에서 과숙이 되지 않도록 해야 한다.

마. 차응애

- 학명 : *Tetranychus kanzawai kishid*
- 영명 : tea red spider mite
- 일명 : カンザクハダニ

1) 기주 및 분포

무화과를 비롯하여 차나무, 사과, 배, 포도, 복숭아 등을 가해한다. 한국, 일본 등지에 분포한다.

2) 형태

암컷성충은 체장이 0.4mm이며, 여름형은 암적색이나 월동형은 붉은색이다. 수컷은 0.3mm 내외이고, 알은 산란 직후에는 백색이다. 월동성충은 점박이응애 월동성충과 매우 유사하다.

3) 피해증상

잎과 과실을 가해하며 잎에서의 피해는 크게 눈에 띄지 않으나 과실에서는 피해가 크다. 피해를 받은 과실은 진액이 흘러나온다. 나중에 그 부위에 각질이 형성되어 상품성이 떨어진다. 또한 차응애의 가해로 표면조직의 정상적인 비대가 이루어지지 않는다. 반면 내부의 꽃은 정상적인 생장을 하여 팽창하므로 꽃이 밖으로 밀려나오거나, 심하면 압력을 견디지 못하고 갈라지는 경우도 있다.

4) 발생생태

노지재배에는 큰 피해가 없으나 시설재배에서는 5월 상순부터 발생하기 시작한다. 6월 중순에서 7월 중순까지 높은 밀도를 유지하다 이후 고온기에는 감소한다. 암컷성충으로 월동하며, 조기 가온을 하는 시설 내에서는 5월 이전부터 발생하며, 연간 수회 이상 발생한다.

5) 방제

　기주범위가 넓어 재배지 주변 잡초에도 기생하므로 주위를 깨끗이 하며, 발생이 확인되는 즉시 차응애 방제용 약제를 1~2회 살포한다. 무화과나무에 등록되어 있는 약제로는 아바멕틴 유제, 아세퀴노실 액상수화제, 에톡사졸 액상수화제, 클로르페나피르 유제 등이 있다. 멀구슬나무 추출물도 방제효과가 우수하다. 한편 천적인 칠레이리응애 방사도 효과적이나 고온기에는 적응성이 떨어진다.

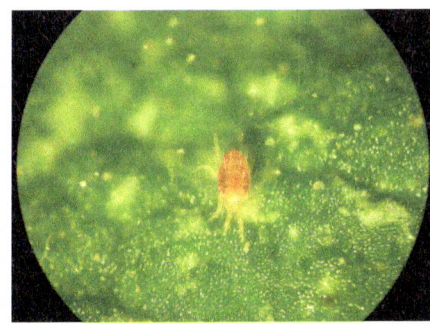

[그림 11-30] 차응애

[그림 11-31] 차응애 피해증상

바. 녹응애류

　녹응애는 혹응애과(Eriophyidae)에 속하며, 크기는 0.1~0.2mm 내외로 매우 작아 육안 관찰이 불가능하다. 현미경이나 25배 이상의 돋보기로만 관찰이 가능하며, 초기 피해증상은 눈에 잘 띄지 않으므로 주의 깊은 관찰이 필요하다.
　유충은 연한 노란색이지만 성충이 되면 주황색에 가깝다. 생김새가 매우 특이한데, 머리 부분은 넓고 굵으며 꼬리부분은 가늘고 뾰족한 긴 역삼각형 모양이다. 자주 발생하지 않으나 돌발적으로 발생하며 한번 발생하면 발생량이 많아 피해가 크다. 주로 과일과 새순 끝을 가해하며 피해를 받은 과일 표면은 갈색으로 변하고 생장이 정지된다. 끝에 있는 어린잎이 완전히 전개되지 못한 채 갈변되고 마르며 생장점이 고사하는 새순 피해가 발생한다. 주로 6~7월에 발생이 심하고 시설재배에서 피해가 크다. 농약에 매우 민감하여 쉽게 방제된다.

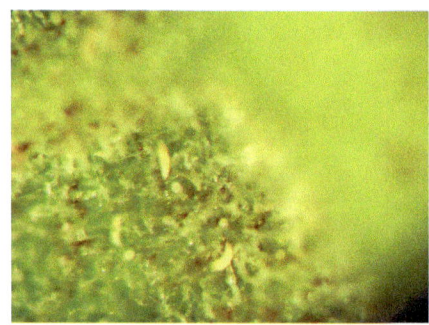

[그림 11-32] 녹응애

[그림 11-33] 녹응애 과일피해 증상

사. 목화진딧물

○ 학명 : *Aphis gossypii Grover*
○ 영명 : Melon aphid, Cotton aphid
○ 일명 : ワタアグラムシ

무화과, 석류 등 과수뿐만 아니라 각종 채소와 초본류 등 기주범위가 매우 넓다. 연간 10여 세대 발생하고, 주로 기주식물에서 알로 월동한다. 무화과나무에서는 4월 상중순 새순에 주로 발생하며, 이후에는 발생이 거의 없다. 무화과나무에서 피해가 심하지는 않지만, 2차적으로 그을음병을 유발한다.

진딧물 발생은 개미와 무당벌레 성충, 유충의 활동과 밀접한 관련이 있으므로 예찰에 이용하면 좋다. 현재 등록되어 있는 방제약제로는 아세타미프리드 수화제, 이미다클로프리드 수화제, 티아메톡삼 입상수화제, 플로니카미드 입상수화제, 피메트로진 수화제 등이 있다.

[그림 11-34] 목화진딧물

아. 왕바구미

○ 학명 : *Sipalinusgigas* (Fabricius, 1775)
○ 생물학적 분류 - 목 : 딱정벌레목(Coleoptera)
　　　　　　　　 - 과 : 왕바구미과(Rhynchophoridae)
　　　　　　　　 - 속 : Sipalinus

몸길이 15~35mm로 한국에 사는 바구미류 중 가장 크다. 매우 통통한 편이며 긴 타원형이다. 몸의 바탕색은 검지만 회갈색 또는 회황색의 미세한 비늘가루로 덮여 있으며 머리는 회갈색 털로 덮여 있다. 주둥이는 가늘고 매우 길며 밑반부는 회갈색이다.

앞가슴등판 중앙에는 매끈한 1개의 세로줄이 있으며 거칠고 큰 좁쌀알 같은 돌기가 많이 있다. 딱지날개(굳은날개)는 작고 검은 점무늬들이 흩어져 있는 것처럼 보인다. 다리의 종아리마디에는 1개의 날카로운 갈고리가 있어 이것으로 나무껍질에 몸을 고정시킨다. 상수리나무, 굴참나무, 참나무 등의 줄기나 나무진이 흐르는 곳에서 볼 수 있고 밤이면 불빛에 모여들기도 한다. 1년 내내 눈에 띄며 특히 6~7월에 가장 활발하게 활동한다. 적이 다가오면 앞다리의 발목마디를 젖히고 종아리마디 끝에 있는 가시돌기로 위협하는 방어 행동을 한다. 사람의 발소리에 놀라면 밑으로 떨어져 죽은 체한다.

6월 중순에 짝짓기를 한 암컷은 소나무, 졸참나무, 떡갈나무 등의 쓰러진 나무나 수세가 약한 나무의 껍질 밑에 알을 낳는다. 부화한 유충은 나무속을 파먹고 자라며 성충으로 땅속에서 월동한다. 한국, 일본, 중국, 동남아시아, 오스트레일리아 등지에 분포한다(네이버 지식백과).

[그림 11-35] 왕바구미

[그림 11-36] 왕바구미 유충

[그림 11-37] 왕바구미에 의한 고사

자. 알락수염노린재

○ 학명 : *Sipalinusgigas* (Fabricius, 1775)
○ 생물학적 분류 - 목 : 노린재목
      - 과 : 노린재과
      - 속 : Dolycoris

몸길이 11~13mm이다. 몸빛깔은 적갈색에서 황갈색으로 변화가 많다. 몸 표면은 가는 회백색 털로 덮여 있으며 검은색 점각이 촘촘히 있다. 머리는 검은색이다. 더듬이는 5마디로 이루어지고, 제1마디와 제2마디 이하의 각 마디 기부는 노란색 또는 연한 갈색을 띠며 다른 부분은 검은색이다.

앞가슴등 가장자리는 약간 모가 나 있고 황갈색을 띠며 가는 털이 촘촘하다. 작은 방패판은 역삼각형으로, 앞끝이 황갈색이다. 반딱지 날개는 배끝을 훨씬 넘고 연한 갈색이나 등 뒤에 포개어져 아랫부분이 비쳐 검은색에 가깝게 보인다. 배의 결합판은 황갈색이고 각 마디의 앞뒤 가장자리는 검은색 가로무늬를 이룬다. 다리는 연한 갈색으로 아랫면에 작고 검은 점이 드문드문 있고 털이 많다. 발목마디는 검은색을 띤다. 십자화과, 콩과, 화본과 식물의 열매에서 흔히 발견되는데, 때로는 벼에 피해를 주기도 한다. 특히 오동나무 잎에 많이 서식한다. 농작물의 잔재물이나 식물의 뿌리 부위 등에서 성충으로 월동한다. 월동한 성충은 5월 상순경 출수된 보리 및 밀 등에서 난소 발육에 필요한 영양을 섭취한다.

5월 중순경 할미꽃이 지고 난 자리에 여러 마리가 무리를 지어 교미하는 모습을 볼 수 있다. 한 번에 약 20개씩 무더기로 산란하는데, 알의 길이는 약 1.3mm로 연분홍색의 도토리 모양이다. 연 2회 발생하며 성충은 4~8월에 활동한다. 한국, 일본, 사할린섬, 중국, 시베리아, 유럽 등지에 분포한다(네이버 지식백과).

노린재 성충

미성숙과 피해

성숙과 피해

[그림 11-38] 알락수염노린재와 피해 과일

차. 뽕잎벌레

○ 학명 : *Fleutiauxiaarmata* (1874, Baly)
○ 생물학적 분류 - 목 : 딱정벌레목
              - 과 : 잎벌레과
              - 속 : Fleutiauxia

몸길이는 5.0~7.3mm, 더듬이는 흑색이며 4~5절의 아랫면은 황갈색이다. 다리는 흑갈색이며 발마디와 종아리마디는 적갈색이다. 암컷은 머리에 돌기를 가지고 있지만 수컷은 없다. 앞날개는 청록색이다. 앞가슴등판, 소순판, 배판과 머리는 흑색이다. 한국, 일본(홋카이도, 혼슈, 시코쿠, 큐슈), 동시베리아, 중국 남부에 분포한다.

성충은 4~5월에 발견되며 다식성이다. 5월에 뿌리 근처에 알을 2~3개씩 산란한다. 유충은 땅속 뿌리를 섭식한다. 참나무의 근경에 피해를 준다. 알의 형태로 20~30일을 보내고 유충상태에서 월동한다(국립수목원 국가생물종지식정보시스템).

[그림 11-39] 뽕잎벌레

12장
수확 및 출하

1 품질확보를 위한 직사광선

가. 안토시안 생성을 위한 광

무화과의 품질 평가에서 가장 중요한 것이 착색이다. 과피가 착색이 잘된 과일은 당도가 높고, 맛이 좋은 만큼 시장에서 높은 가격으로 판매가 가능하기 때문에 농가의 소득과 직결된다.

농가에서는 판매단가를 높이기 위하여 조기재배를 통한 조기 출하를 시도하고 있으나 무더운 여름인 7월 중하순에 비닐하우스 조기재배 농가에서 수확하는 과일은 착색이 불량하다. 때문에 정상적인 착색이 되지 못한 상태에서 출하되고 있는 것이 현실이다.

무화과를 적자색으로 착색이 되도록 하는 성분은 안토시안이다. 안토시안이 생성되는 데 적정한 온도는 15~20℃이다. 10℃ 이하의 온도나 30℃ 이상의 온도에서는 색택 발현이 억제된다. 그러므로 고온기에 수확되는 초기 과일은 착색이 나쁘다.

　착색이 잘 되지 않는 것은 안토시안 색소가 발현되는 적정온도를 벗어났기 때문이지만 일조가 더 큰 문제이다. 안토시안 색소는 과일에 직접 광이 닿아야만 생성된다. 수확 초기의 과실은 결과지의 하단에 착과되어 있어, 결과지의 아래쪽으로 햇빛이 잘 들어오지 않아 착색이 불량하다.

　착색이 잘되려면 과실과 주변 잎에 햇빛을 쬐여주어야 한다. 그러나 수세가 너무 강하여 과실 위쪽의 잎이 크고 넓으면서 결과지의 수가 많은 과번무 나무에서는 착색이 불량해지는 과일이 생산될 수밖에 없다. 또한 생성된 당은 과실로 보내져야 하는데 무성하게 자란 가지나 잎을 유지하는 데 소비되면 과일의 당도가 낮아진다.

　눈 솎기나 적심과 유인, 시비 등을 철저히 관리하여 과실에 직접 빛이 닿게 하는 것이 무화과재배의 기본이다.

나. 수확기 나뭇잎 관리

　수확 전 과실 부근에 있는 잎을 다 따는 것은 안 된다. 1매 정도라면 몰라도 여러 장의 잎을 따는 것은 나무 전체의 저장 양분을 줄여 겨울나기에 어려운 상태로 만들기 때문이다. 이러한 경우 동해 피해를 받기 쉬운 수체가 되는 것은 물론 이듬해 착과가 나빠지는 데 영향을 미친다.

② 고당도 과일생산을 위한 과실온도

가. 무화과는 후숙이 안되는 과일이다.

무화과는 성숙 후기에 급속하게 당을 축적한다. [그림 12-1]과 같이 하루에 약 1~2% 정도씩 당도가 증가한다.

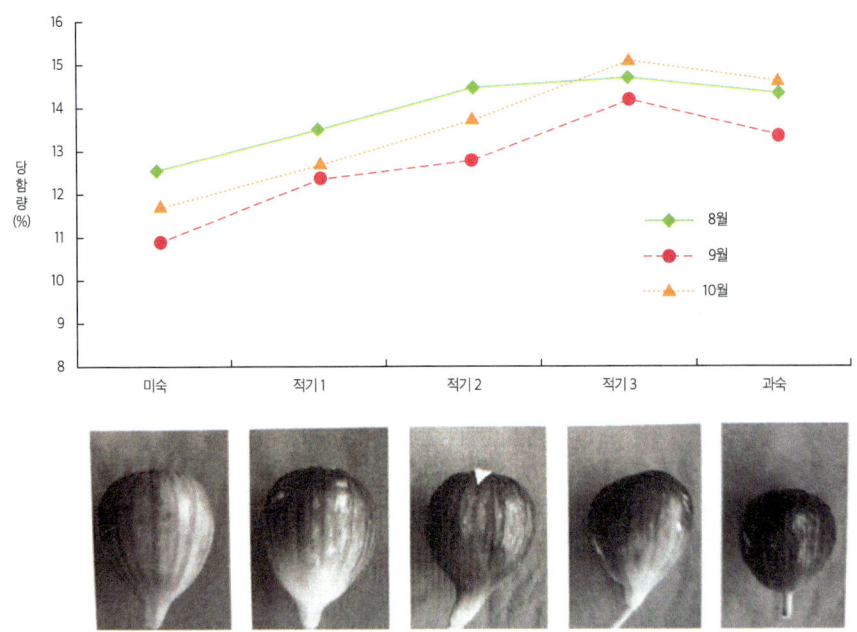

[그림 12-1] 수확시기 성숙단계별 당도 (眞野隆司, 2015)

그러나 수확 후 미숙과나 성숙과 모두 수확 후에 당의 함량이 약간 감소하는 것으로 보아 수확 후에는 당이 증가하지 않는다. 즉 무화과는 후숙하지 않는다. 당은 증가하지 않지만 수확 후에도 과피색은 점차 진해지며 이는 수확 후에도 착색은 진행된다는 것을 뜻한다. 그러므로 고품질 과실을 생산하기 위하여 성숙과를 수확해야 한다.

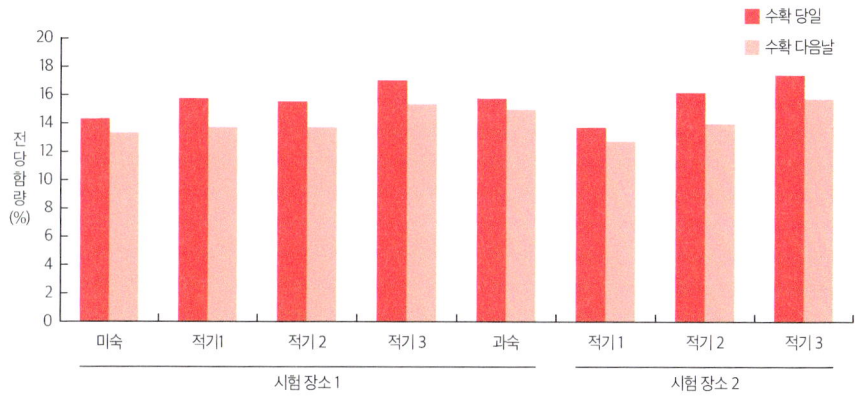

[그림 12-2] 각 성숙단계별 수확 당일과 다음 날의 전당 함량 비교 (小河, 2009)

나. 무화과는 아침 일찍 수확한다.

무화과가 함유하고 있는 당의 성분은 대부분 과당과 포도당으로 이루어져 있다. 수확 후에는 당 함량의 변화를 보이지 않는다.

오전에 수확한 과실과 오후에 수확한 과실의 당도와 맛 차이는 거의 없으나 무화과는 과실의 온도가 상승하면 호흡량도 상승하고, 고온기에 수확하면 1일에 0.5~1% 정도 당 함량이 감소한다. 수확을 할 때는 과실의 온도가 낮은 이른 아침에 수확하는 것이 바람직하다. 오후에 수확하는 경우에는 가급적 예냉을 하거나 냉장 창고에 잠시 저장하여 과일의 온도를 낮게 해 저장성을 높이는 것이 좋다.

3 수확적기 판정

무화과의 적정 성숙기는 매우 짧아 하루 차이에도 미숙과와 완숙과로 나뉜다.

완숙 2일 전   완숙 1일 전   완숙

[그림 12-3] 과일 수확 전 일수

미숙과를 수확하면 단단하고 저장성은 좋으나 단맛이 적고, 식미가 나쁘다. 잠시 두면 과실이 부드러워지겠지만 멜론과 키위처럼 후숙이 되는 것이 아니기 때문에 품질이 불량하다. 완숙과를 수확하면 부드럽고 당도가 높으며 식미도 좋겠지만 보존성이 약하고 쉽게 부패될 우려가 있다. 그러므로 다음과 같은 수확기 판정기술이 필요하다.

가. 색으로 수확기를 판단해서는 안 된다.

수확적기의 판정은 과실이 부드러워지면 수확한다. 손으로 과실 전체를 만져보아 판단하는데 약간의 경험이 필요하다. 미숙과는 감촉이 약간 단단하고 가벼운 감이 있으나 성숙과는 아래로 처지며 무게감을 느낄 수 있다. 성숙과는 수분 함량이 높은 관계로 촉촉함과 약간 차가운 느낌이 있다.

착색 정도는 성숙기에 근접한 과일을 판단하는 데 참고는 되지만 수확의 최종판단으로는 문제가 있을 수 있다. 착색은 같은 조건에서도 미묘한 변화가 있다. 8월경에는 비가 오거나 일조 부족이 계속되면 아래쪽에 있는 과실은 색이 잘 나오지 않아도 성숙이 진행되는 경우가 많다. 반대로 10월 중에 상단의 열매는 착색이 되었더라도 미숙한 과실이 있다. 따라서 과실의 착색만으로 성숙과를 판단해서는 안 된다.

나. 출하처와 판매처에 따른 수확기준이 다르다.

수확의 판단기준은 과실을 원거리 큰 소비처에 판매하는지, 지역에서 가까운 시장에 출하하는지에 따라 다르다. 원거리에 판매할 때에는 수송성이 있도록 약간 단단한 것이 요구될 것이고, 가까운 곳에 판매할 경우에는 성숙도가 진행된 과실을 출하해야 한다. 농가에서 직접 판매하는 경우 완숙과를 판매하여야 높은 평가를 받을 수 있다.

수확을 할 경우에는 판매처에 대한 출하여건과 본인의 판매 등을 고려하여 출하대상을 선정하고 판매처에서 원하는 정도가 어떤지를 이해하고 수확해야 한다. 또한 생산농가의 예냉과 보관시설 보유 여부에 따라서도 달라질 수 있다.

4 수확의 실제

무화과는 [그림 12-4]와 같이 과실의 줄기(과병)에 손가락을 대고 아래쪽을 위로 올려 나무줄기에서 과경이 떨어지도록 하여 수확한다. 잡아당길 때 과피가 벗겨지거나 과일과 과병 사이가 분리되어 과실이 찢어지는 손상이 오지 않도록 주의하여야 하며, 수확 시에는 반드시 장갑을 착용하고 수확하여야 한다. 무화과의 유백색의 즙에는 강력한 단백질 분해효소인 피신(Ficin)이 함유되어 있어 맨손으로 수확하는 중에 유즙이 묻으면 이 효소가 작용하여 피부와 손톱 등에 손상을 입힌다. 유즙이 직접 피부에 닿으면 염증을 일으키며 피부가 검게 변하므로 가급적 피부가 노출되지 않도록 하고 수확해야 한다. 최근에는 일회용 의료 고무장갑을 시중에서 쉽게 구할 수 있으니 이것을 착용하고 작업을 하는 것이 좋다. 작업 후에는 옷도 바로 세탁해 준다.

피부 노출을 줄이기 위해
의료용 장갑을 사용하여
수확한다.

수확방법   수확한 모습

[그림 12-4] 무화과 수확방법

    수확한 과실은 조심스럽게 취급하고 스펀지나 완충재를 넣은 상자에 일렬로 세워 포장한다. 과실이 구르거나 다른 과실과 접촉하면 껍질이 벗겨지거나 부서지기 쉬우므로 주의를 기울여야 한다. 또한 과경이 다른 과실을 뚫거나 박힐 수도 있으므로 제거해 준다.

    수확 중에 나무에 달린 채로 부패한 과실은 별도의 용기에 담아서 버린다.

5 포장 및 출하

수확한 과실은 통풍이 잘되는 서늘한 곳에서 선별한다. 비나 밤이슬에 젖은 과실은 부패하기 쉬우므로 가급적 펼쳐서 말린다.

선과된 과실은 각 산지나 도매상의 출하규격에 따라 숙도와 과일색을 맞추어 조심스럽게 포장한다. 출하 시 사용하는 포장재는 투명 포장팩이 다양하게 사용되고 있다.

무화과는 8월과 9월의 혹서기가 수확 피크인데 출하시간이 한정되어 있고, 매일매일 작업을 해야 하기 때문에 효율적인 움직임이 가능하도록 작업장을 항상 정리정돈하여 일관 작업이 가능하도록 필요한 물건을 배치해 둔다.

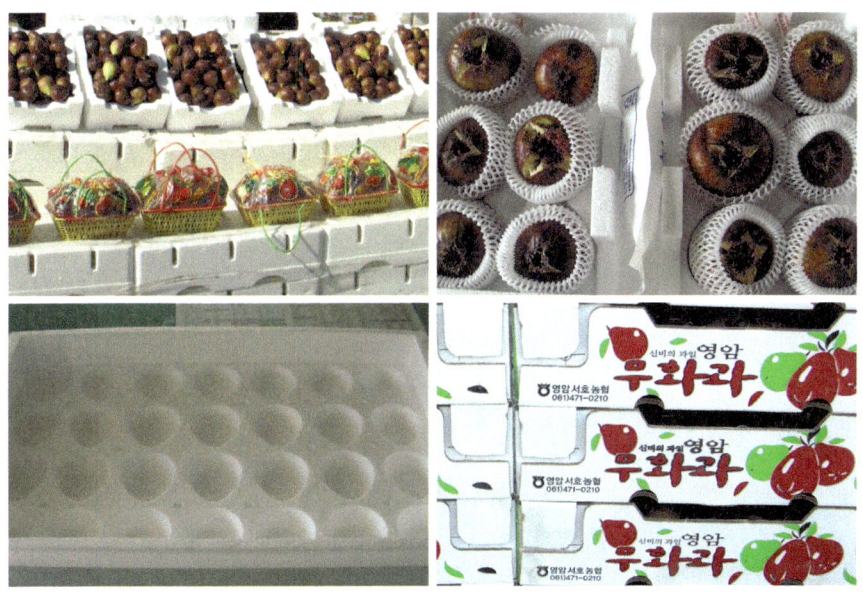

[그림 12-5] 포장 및 포장재

6 예냉 및 저장

무화과는 과실류 중에서 저장과 유통성이 짧은 과일로 완숙과의 품질보존 기간이 1일 정도이다. 따라서 장거리수송 등 광역유통을 위해서는 예냉과 저온저장이 효과적이다. 장점은 다음과 같다.

첫째, 부패과 발생을 방지하고 저장성이 향상된다.

둘째, 숙성이 진행된, 식미가 좋은 과실을 출하할 수 있다.

셋째, 보냉에 의한 계획 출하가 가능하고 기후나 시장상황에 따른 대처가 가능하다.

예냉을 시키는 방법으로는 강제 통풍과 차압 통풍에 의한 방법이 있다. 강제 통풍은 차압 통풍에 비하여 적재 작업은 쉽지만 예냉 속도가 느리다. 냉각하는 데 걸리는 시간은 강제 통풍이 10시간, 차압 통풍은 강제 통풍의 1/3 수준인 3~4시간 정도가 걸린다. 빠른 예냉을 위하여 차압 통풍 방법을 사용하는 것이 좋다.

과실의 품온은 5℃로 유지하는 것이 가장 좋다. 저장고 안의 온도설정이 0℃에 가까울수록 온도가 빨리 내려가지만 냉기가 나오는 곳과 창고 안의 온도는 2~3℃ 차이가 날 수 있다. 또 동결되는 경우도 생기므로 저장고 안의 온도를 3℃로 설정해 두는 것이 좋다.

예냉 및 저온저장고 이용을 할 경우 유의할 점은 다음과 같다.

첫째, 출하는 매일 진행되므로 적정하게 성숙된 과실을 수확한다.

둘째, 출하량을 고려하여 숙기촉진제 처리 작업을 하며 일주일 내내 가급적 일정하게 출하되도록 하는 것이 중요하다.

예냉과 저온저장에는 대규모 시설이 요구된다. 따라서 재배면적이 대규모일 때 고려해 보는 것이 좋다. 반면에 소규모일 때는 과실의 온도가 낮은 이른 아침에 수확하여 개인 저장고나 냉장고에 저장한다.

7 비 상품과의 종류

가. 부패과

출하가 없는 날에는 과숙한 과실과 부패한 과실이 많이 나오는데 선과는 신중해야 한다. 시각뿐만 아니라 촉각 등 오감을 총동원하여 선과하여야 한다.
날씨가 흐린 날에는 과실의 부패(검은곰팡이, 효모부패균 등)가 급격히 증가한다. 과실에서 식초와 같은 신 냄새는 안 나는지, 과정부에 곰팡이나 침수 모양이 없는지를 확인해야 한다. 초파리가 날고 있으면 그 주위 열매는 주의가 필요하다. 초파리는 사람이 알 수 없는 냄새를 감지하며 검은곰팡이와 효모를 전염시키는 해충이다. 이것을 선과의 바로미터로 보아도 무방하다.
또한 과실의 몸통에 반점이나 수침상의 모양이 있으면 역병일 가능성이 있어 하룻밤 사이에 상품 전체를 버리는 경우도 생길 수 있다.

나. 열과

무화과는 수확 직전에 급격하게 비대하기 때문에 성숙과의 과정부가 열개되어 있는 경우가 많다. 약간의 열과는 큰 문제가 아니지만 수확기에 강우가 겹치면 열개되는 부분이 커지게 되고, 그 수가 많아지면 부패가 쉬워진다. 열과는 품종별로 차이가 크다. '승정도우핀'은 거의 생기지 않지만 '봉래시'는 열과가 많이 발생한다.
장마기에 폭우가 내려 다량의 빗물이 재배지로 흘러들어올 경우 익지 않은 과실에도 열과가 생긴다. 열과 방지를 위해서는 배수개선과 적절한 관수로 적정 토양수분을 유지하도록 해주어야 한다.

다. 변형과(기형과)

변형과는 수확 중기 이후에 결과지의 중간부터 윗마디에서 발생한다. 과실생장 제1기가 종료되는 시점(착과 25일 후)에 변형된다. 모양은 평평하고 과실의 한쪽만 비대가 되는데 심한 것은 비대가 나쁜 것이 명료하게 나타나고 위축된 부위가 경화되는 경우도 있다. 또한 이러한 유형의 변형과가 착생하는 마디의 전후 마디, 특히 중간마디에서 낙과가 많이 생기기도 한다. 이는 미착과 발생과 밀접한 관계가 있을 것으로 생각된다.

변형과는 주로 저장 양분이 부족하여 수세가 약한 나무에서 발견된다. 양분전환기경 착과 후 흐린 날이 지속되는 상태에서 발생하기 쉽다고 알려져 있다.

라. 편평과

변형과와 마찬가지로 비대는 양호하지만 결과지 상단에서 다양한 유형의 편평과가 생긴다. 이는 적심을 한 후 결실 양분이 집적된 결과로 보인다. 특별히 품질이 낮아지는 것은 아니지만 지역에 따라 낮은 등급으로 판매가 되는 곳도 있다.

편평과는 과정부의 눈이 열려있는 것이 많아 총채벌레가 있는 것도 있다. 방제법으로는 완전하지는 않지만 적심 후 발생되는 곁순을 제거해 주는 방법이 있다. 또한 초가을 온도가 급격히 낮아져 양분의 이동이 따뜻한 위쪽으로 더 많이 몰려 편평과가 생기는 것이 아닌지도 생각해 볼 일이다.

기형과

편평과

[그림 12-6] 기형과 및 편평과

13장
무화과의 가정 가공이용

1 무화과 잼과 건과 제조법

　무화과는 단백질을 많이 함유하고 있으며 기능성 성분으로 색소 성분인 안토시안 등을 함유하고 있다. 부정형으로 생긴 과실이 많고 부드러우나 유기산 및 향기가 부족해 과실의 주된 가공품인 과실주와 과일음료에 적합하다고 보기 어렵다.

　무화과의 대표적인 가공품으로는 잼, 시럽, 절임, 건과 등이 있으며 응용 범위가 넓은 편이다. 최근에는 생산농가에서 건과 가공품을 만들기 위해 노력하고 있다. 가공품을 만드는 방법은 다양하지만 여기에서는 기본적인 방법을 제시하고자 한다.

[그림 13-1] 무화과를 이용한 데코레이션

가. 잼

무화과의 가공품으로는 잼이 대표적이다. 최근에는 가당량을 적게 하거나 과실의 모양을 최대한으로 남겨 재료를 전면에 내세우고 최소 가공하여 신선함을 부각시켜 기존의 잼 개념을 벗어난 제품도 많다.

일본에서는 신개념 잼도 등장하고 있다. 예를 들어 설탕에 과즙을 침출시켜 과즙만을 졸인 후 과육과 야채, 견과류, 향신료나 허브, 리큐어 등 과일 이외의 요소를 추가하여 만든 제품 등이다. 이는 당도를 줄인 푸딩이라는 이미지를 가미하여 판매하고 있다.

잼은 비교적 간단하게 대량으로 제조할 수 있는데 보존성이 높고 적용 범위가 넓다. 이 때문에 무화과 산지마다 각기 다른 종류의 잼이 있다고 해도 과언이 아니다.

◎ <만드는 방법>

◎ 재료 : 완숙 무화과(과육이 적자색으로 선명하게 과숙된 것이어도 좋음) 10kg, 설탕 3kg, 구연산 50g

◎ 제조공정
  ① 조제 : 무화과의 과경부 등 불필요한 부분을 제거한다. 과정부에 곰팡이가 발생하거나 벌레가 있는 경우가 있기 때문에 확인이 필요하다. 세척 후 껍질을 벗기고, 살짝 으깬 후 솥에 담는다.
  ② 가열 : 구연산 25g과 설탕을 넣어 끓여 준다.
  ③ 농축 : 끓은 후 약 10분이 경과하면 나머지 구연산을 넣고 잼의 상태를 봐가면서 잼의 당 함량 농도가 50°Brix에 이르도록 가열한다.
  ④ 담기 : 미리 세척, 살균한 병에 넣는다.
  ⑤ 살균 : 병을 밀봉하여 80℃에서 20분 정도 중탕으로 살균한다.
  ⑥ 냉각 : 냉수로 직접 식히면 병이 깨지는 일이 생기므로 식힌 후 찬물로 냉각한다.
  ⑦ 포장 및 표식 : 라벨 등을 부착한다.

◎ 포인트
  잼을 만들 때 팩틴을 넣는 경우가 많은데 무화과 잼은 팩틴을 넣지 않아도 된다. 안토시안 색소를 다량으로 함유하고 있으므로 껍질까지 넣으면 색깔이 선명해진다.
  가열 시간이 길어지면 색소의 퇴색이 커지므로 짧은 시간 안에 조리하는 것이 바람직하다.
  우리나라에서는 잼을 과실류 또는 과채류(생물로 기준하여 40% 이상 단, 딸기 이외의 베리류 30% 이상)를 당류 등과 함께 젤리화한 것으로 정의하고 있다.

나. 건과(건조 과실), 당과

무화과나무는 기원전 지중해 연안에서 재배된 기록이 있다. 현재는 같은 지역에서 대규모로 생산하며 건과를 비롯한 가공품을 수출하고 있다. 최근에는 과일을 쪄서 말린 후 건조시켜 당과를 만들기도 한다. 이 당과는 과자를 만드는 재료로 이용되거나 초콜릿을 코팅하는 데 이용하는 등 응용 범위가 넓다.

[그림 13-2] 무화과를 이용한 다양한 가공제품

<만드는 방법>

◎ 재료 : 완숙 무화과(과일이 열과되지 않고 약간 경도가 있는 것) 5kg, 설탕 1kg, 구연산 20g, 물 적당량(레드와인을 넣으면 맛이 좋아진다)

◎ 제조공정
  ① 세정 : 과경부를 잘라내고 껍질은 벗기거나 벗기지 않아도 된다.
  ② 가열 : 가열 냄비에 정렬하여 재료를 넣고 무화과가 잠길 정도의 물을 부은 다음 1시간 정도 가열한 후 방치한다.
  ③ 농축 : 2~3회에 걸쳐 1시간 정도 가열하여 식히고 다시 가열하는 것을 반복한다.
  ④ 건조 : 마지막으로 원하는 농도까지 끓여 냉각한 다음 소쿠리에 넣어 설탕물을 제거한다. 그 후 개별로 종이에 얹어 목표로 하는 경도까지 건조한다. 햇볕에 2~7일, 건조기에는 12~24시간 건조한다. 건조 온도가 높으면 갈변하므로 60℃ 이하에서 건조한다.
  ⑤ 포장 : 건조 후 개별 포장한다.

◎ 포인트
  껍질은 벗기지 않아도 되지만 벗기면 색상이 밝은 반면 맛은 약간 떨어진다. 당액은 필요 이상으로 끓이지 않아야 모양이 좋게 나온다. 당과는 약간 부드러워야 맛이 좋다.

2 퓌레(Puree) 제조법

　최근에는 생산지 브랜드를 추진하는 목적으로 과자와 드레싱류, 젤리, 아이스크림, 양갱 등 다양한 무화과 가공품이 증가하고 있다.
　이 방법으로 국산품이면서 첨가물 등의 사용을 최대한 억제하고 유통기한이 짧은 제품도 유통시킬 수 있다. 그러나 저장하지 않은 무화과를 그때그때 처리하여 가공하는 것은 많은 어려움이 있다. 그래서 과일을 미리 퓌레 등으로 1차 가공을 해두면 비교적 쉽게 2차, 3차 가공을 할 수 있으며 새로운 상품 개발로 이어질 수 있다.
　일본에서는 박피 등을 처리한 후 냉동보관을 해두고 농한기에 퓌레로 가공·냉동하여 주년 공급함으로써 다양한 가공식품 개발에 연결하고 있다.

<만드는 방법>

◎ 재료 : 완숙 무화과(과육이 적자색으로 선명하게 과숙된 것이어도 좋음)를 세정하여 조제한 것 10kg

◎ 제조공정
　① 조제 : 무화과의 과경부 등 불필요한 부분은 제거한다. 과정부에 곰팡이나 벌레가 있는 경우가 있으므로 확인이 필요하다. 세척 후에 껍질을 벗기고 살짝 으깬 다음 솥으로 옮긴다.
　② 가열 : 쓴맛 등 이취감을 없애기 위하여 단시간 가열한다.
　③ 포장 : 보존용기에 담아 보관한다.

◎ 포인트
　가공 용도에 맞게 조제하여 단시간 가열할 수 있도록 소량을 가열하는 것이 좋다. 가열하면 퇴색하고 겔처럼 변해 식미가 떨어지므로 가능한 한 가열시간을 짧게 하는 것이 바람직하다. 당도가 낮으면 살균이 불완전할 수 있으므로 장시간 보존을 위해서 냉동보관한다. 이용하는 가공식품이 정해져 있는 경우에는 식품에 맞게 제조 방법 및 가열 시간을 조정할 수 있다(小河拓也).

3 수확 후 냉동과 가공

무화과는 껍질이 연하기 때문에 부패하기 쉽지만 가공원료로 이용할 경우에는 수확 후 껍질을 벗겨 냉동하는 것이 바람직하다. 그러나 수확기에는 매우 바쁘기 때문에 가공을 위한 시간이 충분하지 않다. 그래서 가급적 과일끼리 닿지 않도록 하여 냉동을 한 후 나중에 물에 담궈 껍질을 벗기는 방법이 있다. 이렇게 함으로써 바쁜 시기에 노력을 줄일 수 있다(栗村光男).

시설재배

14장 하우스 시설재배의 특징

15장 작형

16장 비닐하우스 무가온 조기재배 기술

17장 무화과 상자재배

14장
하우스 시설재배의 특징

1 조기출하에 의한 유리한 가격

무화과의 시장 판매단가는 7월 이전에는 높으나 9월 이후에는 낮다. 따라서 시설재배 시 조기출하가 용이하며 농가소득에 유리하다. 재배작형에 따른 노지재배 수확시기는 가온하우스 재배 시 45~50일, 무가온하우스 재배 시 15~20일, 아대재배 시 약 10일 정도 빠르다.

[표 14-1] 2011~2016년까지 공판장 연간 평균가격 (목표원협, 2016) (단위 : 원/kg)

품종명	평균	2016년	2015년	2014년	2013년	2012년	2011년
승정도우핀	3,851	3,056	3,417	3,398	5,059	3,807	3,920
봉래시	3,136	3,247	3,202	2,257	4,322	3,179	2,611

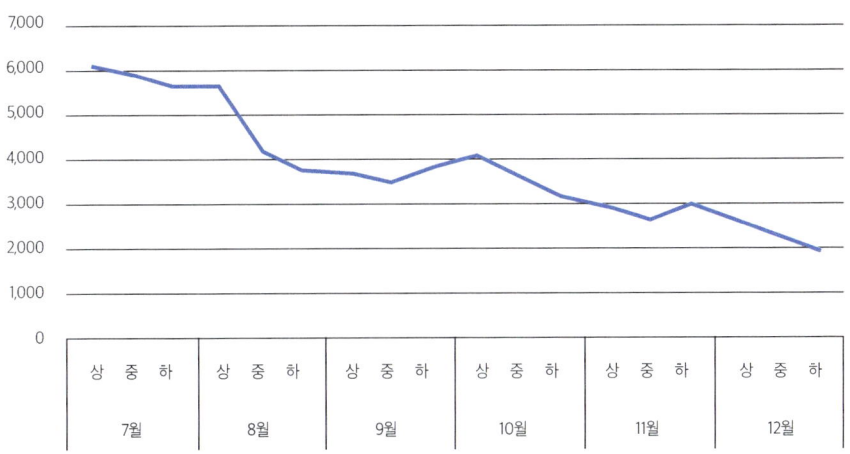

[그림 14-1] 2011~2016년까지 월별 평균 경락가격 (목포원협)

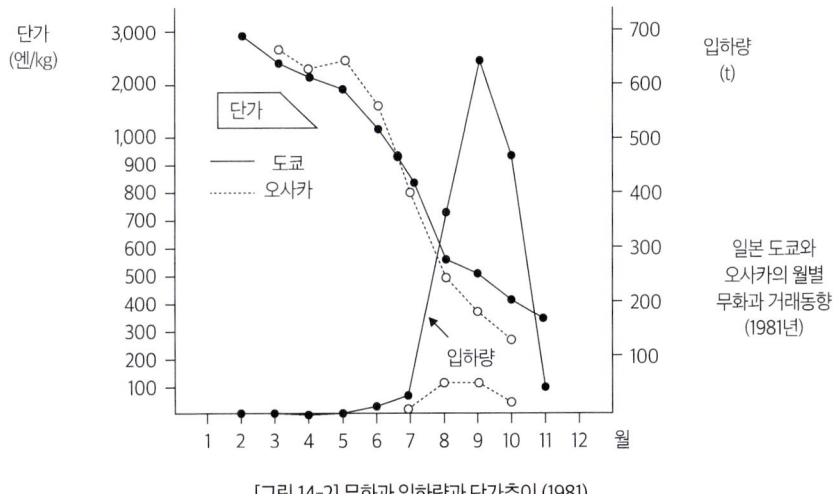

[그림 14-2] 무화과 입하량과 단가추이 (1981)

② 수량과 품질향상

시설재배에서는 생육이 빠르고 수확 기간이 길어 수확량이 노지재배보다 많다. 과실의 비대도 노지재배에 비하여 우수하고 수량이 많다.

③ 기상재해로부터 생육안정 도모 (강우기 부패과와 병해충과 발생 방지)

무화과는 부패하기 쉬운 과일이다. 수확기에 비가 내리면 상품가치가 크게 하락한다. 특히 8월과 9월의 장마는 출하량에 크게 영향을 주기 때문에 무화과 경영을 불안정하게 하고 있다.

수확기에 무화과나무 위에 비닐피복을 하면 비에 의한 부패(검은곰팡이병, 역병, 과실 부패 등)를 막을 수 있다. 또한 무화과 생육기간 동안의 피복은 무화과의 주요 병해충인 역병, 하늘소류 등을 방지할 수 있다. 약제 살포 횟수도 노지재배의 절반까지 줄일 수 있다.

④ 노동력 분산과 경영규모 확대

무화과는 수확기인 8월에서 10월 사이에 연간 노동 시간의 70%가 투입되는 것이 큰 특징이다. 농가 2인 노동력은 30a 정도를 재배하는 것이 한계인데 규모 확대를 위해서는 노동력 분산이 필요하다.

가온하우스 10a와 노지 20a 등 30a를 재배할 경우의 수확기 노동시간을 비교한 [그림 14-3]을 살펴보면 노지 30a를 재배할 때에는 8월과 9월에 노동력이 집중되어 고용 인력을 이용하지 않으면 어렵지만 10a는 가온하우스 재배를 한다면 노동력이 분산되어 가족노동력 2인으로 수확작업이 가능함을 알 수 있다.

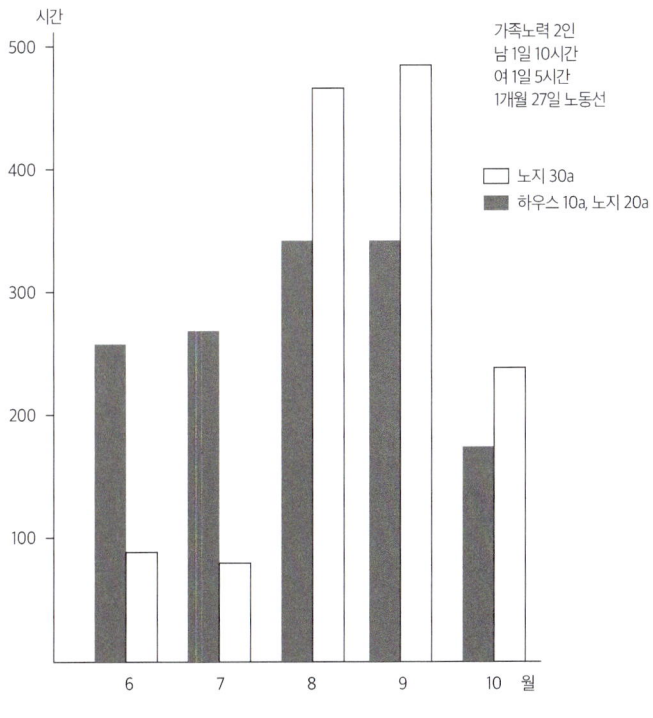

[그림 14-3] 수확기의 월별 노동시간 비교 (安城農改, 1985)

5 판매기간의 연장을 통한 소비 확대

　도매시장에 무화과의 출하량이 증가하였다고 하지만 다른 과수의 출하량과 비교하면 그리 많다고 할 수 없다. 시장에서 물동량을 늘리고 유리한 판매를 하려면 노지에서 생산된 물량을 늘리는 것보다 하우스 무화과를 늘리고 판매기간을 연장해서 시장에서 장기간 무화과를 취급하도록 하는 것이 필요하다. 무화과는 유통기간이 짧기 때문에 물량을 늘리기보다는 판매기간을 늘려야 무화과 고정 고객을 많이 확보하고 무화과의 소비확대를 증진시킬 수 있다.

6 시설재배 도입 시 유의점

가. 기술상의 조건

시설재배 시 온도, 습도 관리를 위하여 주거지에서 가까운 재배지를 선택하고 특히 바람에 의한 시설피해가 없도록 바람에 안전한 지역이나 방풍망 시설 등을 고려해야 한다.

나. 온도 습도 관리

발아와 전엽은 평균온도 15℃ 이상에서 촉진된다. 한편 35℃ 이상의 고온에서는 건조장해를 받기 쉽다. 무화과재배 시 토양수분 관리를 위하여 수원 확보가 원활할 수 있는 곳이어야 한다.

다. 결과지의 웃자람 방지

시설재배에서는 새순과 잎이 웃자라고 결과지가 늘어져서 과번무 상태가 되어 일조량 부족에 의한 착색불량과가 생기기 쉽다. 따라서 적정한 정지·전정, 온습도 관리와 동시에 생육상황에 따라 시비량을 제한하는 등 비배관리가 중요하다.

라. 수세관리

시설 내에 재배되고 있는 무화과나무는 식재 후 3년이 경과하면 수세가 약해지는 경우가 생길 수 있으므로 적절한 수세관리가 필요하다.

마. 경영적 조건

가족노동력 중심의 적정규모(20~30a) 유지와 수송, 자연입지, 출하 등을 고려한 경영적인 판단을 하여야 한다.

15장 작형

1 가온재배

일본에서는 1월 상순에 가온재배(11월 중순 전정, 12월 상순 비닐피복, 6월 상순부터 7월 하순 수확기)가 많이 행하여지고 있다. [그림 14-4]는 재배체계이다. 이 작형은 노지에서 수확이 시작되기 전에 수확을 마치는 것으로 노지 수확 노력 분산에 최적이다.

그러나 수확 최성기가 장마철과 겹치므로 착색관리를 철저히 해야 한다.

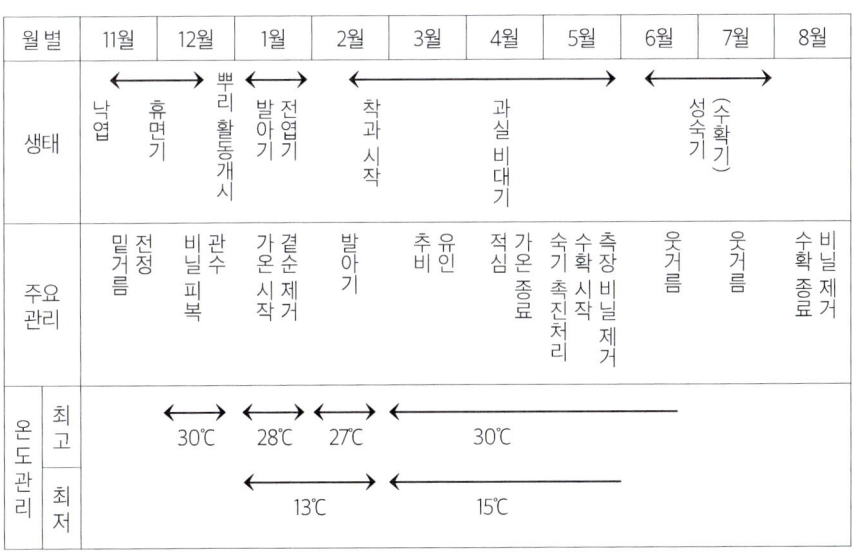

[그림 14-4] 가온하우스 무화과 재배체계 (安城農改, 1985)

[표 14-2] 주·야간 온도와 보습 처리가 발아 및 전엽에 미치는 영향 (イチジク栽培から加工・売り方まで, 2001)

온도관리 (주간/야간℃)	재료	발아 소요 일수(일)	전엽 소요 일수(일)	발아부터 전엽까지 소요 일수(일)
30/10	삽수	18.9	28.5	9.6
30/15	삽수	16.4	24.6	8.2
보습(30/15)	삽수	15.8	22.1	6.3
25/15	삽수	18.8	25.7	6.9
30/10	1년생 묘목	14.6	23.1	8.5
30/15	1년생 묘목	14.7	21.7	7.0
25/15	1년생 묘목	17.4	24.8	7.4
하우스	1년생 묘목	17.1	25.7	8.6

2 비가림재배

수확기 강우대책으로 일부에서 비가림재배를 하고 있다. 비가림재배 시 수확기 강우방지는 가능하지만 시설비가 소요되며 수확기가 노지재배와 똑같은데 피복시기가 태풍이 오는 시기와 겹치기 때문에 방풍대책이 문제가 된다.

3 무가온재배

무가온재배는 3월 상순 피복하여 7월 하순부터 9월 하순에 수확한다. 노지재배의 노동력 분산 효과가 크지 않지만 비로 인한 부패과 방지 효과는 있다.
일부 지역에서는 1월 하순에 피복하여 6월 하순부터 수확을 시작하고 있지만 초봄 동해를 입을 우려가 있으므로 그 지역의 기상 조건을 충분히 고려해야 한다.

16장
비닐하우스 무가온 조기재배 기술

 노지재배와 비닐하우스 조기재배는 일반적인 재배법과 병해충 방제, 수확 및 저장 방법이 같으므로 여기에서는 조기재배에 필수적인, 무가온 상태에서 조기재배에 필요한 보온자재 활용법에 대하여 이야기하고자 한다.

상자재배 전정 후 도포제 처리

보온재료 피복 전 활죽 설치

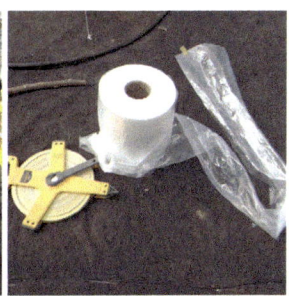
통비닐(축열주머니)

보온재(비닐+축열주머니)

비닐 위에 보온덮개 피복모습

보온재(비닐+보온덮개+축열)

[그림 14-5] 무가온하우스 조기수확을 위한 보온재료 피복작업 모습

보온자재는 여러 가지가 있으나 보온효과가 높은 축열물주머니, 보온덮개, 소형 터널을 이용한다. 이러한 자재를 이용하여 1월 15일, 2월 5일, 2월 25일에 축열물주머니+비닐+보온덮개를 동시에 피복하여 피복하지 않은 것과의 생육 차이를 살펴보면 다음과 같다.

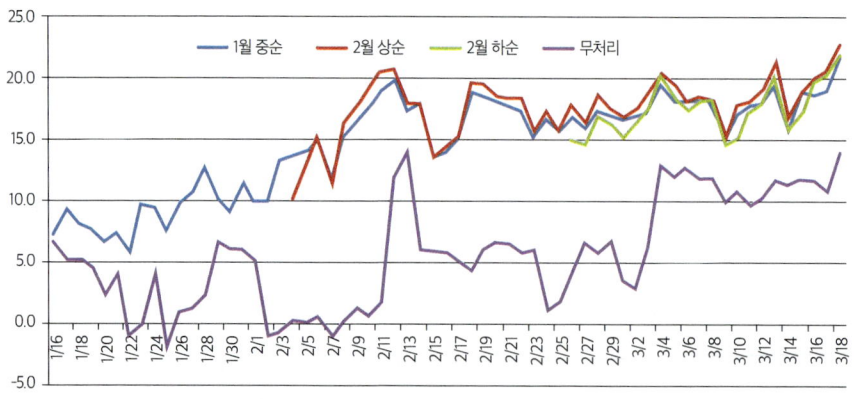

[그림 14-6] 보온재료 피복시기별 근권 온도 (전남, 2016)

[그림 14-6]에서 보이는 것과 같이 근권 온도 조사에서 무화과나무 뿌리 활동이 시작되는 지온은 11~12℃이다. 1월 중순에 피복한 곳은 1월 26일부터 뿌리 활동 온도에 근접하여 뿌리 활동이 시작되었다. 2월 상순에 피복한 곳에서는 피복 시부터 10℃ 이상, 2월 하순 피복은 15℃ 이상 유지되어 보온재료 피복시기부터 이미 뿌리 활동이 시작되었을 것으로 판단된다.

[표 14-3] 보온재료 피복 시기별 생육특성 (전남, 2016)

보온재료 피복시기	발아기 (월. 일.)	3엽 전개 (월. 일.)	수고 (cm)	엽수 (매/결과지)	엽장 (cm)	엽폭 (cm)	엽병 (cm)
1월 15일	2. 25.	3. 11.	249±4.4	31±0.8	27	30	21±0.4
2월 5일	2. 29.	3. 14.	249±5.1	31±1.1	28	30	21±1.3
2월 25일	3. 13.	3. 18.	250±1.6	30±1.0	28	30	21±0.5
무처리	3. 19.	3. 25.	247±1.3	31±1.1	27	29	21±1.4

무화과 무가온시설하우스 조기수확을 위한 보온재료(비닐+보온덮개+축열주머니)의 피복시기별 생육특성은 다음과 같다. 발아기는 1월 15일에 피복하면 2월 25일로, 피복하지 않은 것보다 23일이 빨랐다. 3엽 전개시기도 1월 15일에 피복했을 때 3월 11일로 가장 빨랐다.

[표 14-4] 보온재료 처리 시기별 결실특성 (전남, 2016)

보온재료 피복 시기	최초 착과 (월. 일.)	최초 수확 (월. 일.)	착과 수 (개/결과지)	수확과 수 (개/결과지)	결과지 수(개)
1월 15일	4. 08.	7. 04.	25±0.5	23±0.7	5
2월 5일	4. 13.	7. 11.	24±0.5	23±0.4	5
2월 25일	4. 23.	7. 20.	24±0.5	22±0.4	5
무처리	4. 29.	7. 23.	23±0.5	19±0.5	5

※ 노지재배 : 영암 지역 최초 수확시기 8월 11일

[표 14-44]에서와 같이 최초 착과일은 1월 15일 피복한 곳에서 4월 8일로 피복하지 않은 것보다 21일이 빨랐다. 최초 수확기도 1월 15일 피복했을 때 7월 4일로 피복하지 않은 것보다 19일이 단축되었다. 수확 과일 수도 보온피복재 피복에서는 22~23개로 차이가 없었지만 피복하지 않은 곳에서는 19개로 보온재료 피복처리구와 차이가 있었다.

[그림 14-7] 보온재료 처리 시기별 수확시기 단축일수 (전남, 2016)

이처럼 비닐하우스 시설재배에서 피복하여 재배하는 것이 노지재배에 비하여 최초 수확일이 단축되는 것을 볼 수 있다. 지역에 따라 기상여건 등이 다르겠지만 극단적인 추위만 없다면 축열물주머니+비닐+보온덮개를 이용한 보온재배의 시기를 결정할 수 있다.

[표 14-5] 무가온하우스재배 시 보온 처리 시기 순별 생산량 (전남, 2016) (kg/10a)

보온재료 피복시기	7월			8월			9월			10월		합계
	상순	중순	하순	상순	중순	하순	상순	중순	하순	상순	중순	
1월 15일	308	880	968	1,056	968	616	264	-	-	-	-	5,060
2월 5일	-	400	1,067	1,200	1,289	978	356	178	-	-	-	5,468
2월 25일	-	-	486	706	927	1,015	839	662	221	-	-	4,856
무처리	-	-	220	264	483	615	659	703	571	440	220	4,175

위의 표에서 보는 바와 같이 가능한 조기에 피복 재료를 이용한다면 수확기를 앞당기고 수확 노동력 분산 효과, 조기 판매에 의한 고가 판매의 효과를 얻을 수 있다.

17장
무화과 상자재배

 상자재배는 무화과나무를 시설하우스 내에서 일정한 크기의 상자에 심어 기르는 재배방법이다. 우리나라 재배면적 720ha 중 120여 ha가 상자재배를 하고 있다.
 비닐하우스 안에서 상자재배를 하면 이른 봄 하우스에 의한 보온 관리가 쉽기 때문에 조기발아를 시킬 수 있다. 여러 가지 원인으로 기존 토양에 무화과나무를 심기에 부적절한 경우 이 재배방법을 택하고 있어 재배면적이 증가하고 있는 추세이다.

1 상자재배의 장점

1) 식재 당년 수확이 가능하다.

 일반적으로 무화과나무는 추위에 약하기 때문에 노지재배에서는 늦서리가 내리지 않는 4월 하순부터 5월 상순에 식재하고 있다. 하지만 무화과나무 상자재배는 하우스 내에서 이루어지고, 보온하는 방법이 노지재배보다 훨씬 다양하므로 2월 초순부터 식재가 가능하다. 이른 봄에 식재하더라도 주간의 복사열을 야간에 이용할 수 있으며 하우스 내에 간단한 소형 터널을 설치하여 이용하는 방법으로 저온 피해를 예방할 수 있다.

예전에는 전년도에 삽목된 묘목을 본년에 상자에 1주씩 식재하였다. 이렇게 되면 이식된 나무에서 새로운 뿌리를 발생시켜야 하므로 생육이 지연되어 식재 1년째인 당해 연도 수확량이 10a당 1,000kg 내외가 되었다. 하지만 지금은 식재하고자 하는 해에 포트 삽목을 하여 포트에 뿌리가 매트를 형성해 본엽 4~5매가 발생되면 이를 상자에 심는다.

식재 당시 상자당 묘목 2주를 식재하여 식재 당년에 결과지 4~5개를 확보하면 성목의 생산량 75% 정도인 2,000~3,000kg을 생산할 수 있다.

2) 밀식재배로 초기 수량을 높일 수 있다.

노지재배나 시설하우스 토경재배에서는 무화과나무의 경제적인 수령이 약 15년 정도이기 때문에 10a당 70~120주 정도를 식재하여 기른다. 상자재배의 경우 경제적인 수령이 8~10년이기도 하지만 40리터 정도의 상자에 심기 때문에 근권이 제한되어 관수나 양액으로 재배하고 이를 조절하여 과번무를 제한할 수 있어 밀식재배가 가능하다. 재식주수는 10a당 500주(상자 당 2주 식재할 경우 묘목 1,000주 소요)를 식재한다. 이 경우 노지에서 2~3년이 지나야 생산할 수 있는 수량 이상을 식재 당년에 수확할 수 있다.

3) 조기 수확이 가능하여 고가로 판매가 가능하다.

무화과나무와 같이 아열대 지역이 원산지인 과수는 지상부의 온도보다 지하부의 온도가 발아와 생육에 큰 영향을 미친다.

무화과나무가 뿌리의 활동을 시작하는 온도는 12℃ 내외이다. 노지재배에서는 이러한 지온이 되려면 4월 중순 이후가 되어야 한다. 하지만 시설하우스에서는 보온이 가능하고, 뿌리가 지상부의 상자에 담겨져 있기 때문에 뿌리 활동에 적합한 온도를 유지하는 데 유리하다.

무화과는 하나의 잎에 하나의 과일이 착과된다. 시설하우스 상자재배는 생육이 빠르므로 최초 착과와 최초 수확일도 앞당겨진다. 일반적으로 시설하우스 상자재배는 노지재배에 비하여 20일 이상 조기수확이 되고 같은 수량을 생산하더라도 판매수익은 1.5배 이상이 된다.

4) 고품질 과일을 생산할 수 있다.

무화과나무는 강우에 매우 취약하다. 수확기에 강우가 지속되면 당도가 낮아지고 물러져서 곰팡이 등의 발생이 많아지고 과일이 벌어지는 열과도 심해진다. 하지만 비닐하우스 내에서 재배되는 무화과나무는 이러한 불리한 점을 극복할 수 있다. 적정한 급수제한, 양분의 조절 등으로 당도도 높일 수 있다.

5) 병해충 피해가 적다.

비닐하우스에서 재배되기 때문에 강우 등으로 인한 병해의 발생이 억제된다. 또한 노지에서 강우 등 수분에 의하여 전염되는 역병, 탄저병 등의 발생이 없다.

2 상자재배의 단점

1) 여름철 고온장해를 받기 쉽다.

여름철 시설하우스에서는 고온현상이 더욱 가중된다. 시설재배가 가능한 '승정도우핀'의 과피색은 적색으로 안토시안이 주성분이다. 안토시안은 17℃ 내외에서 잘 생성되는데 여름철 고온으로 고유의 색을 나타내기가 쉽지 않다.

무화과나무는 근권 온도가 25℃ 이상이 되면 뿌리의 활동이 느려진다. 따라서 30℃ 이상의 기온이 지속되면 뿌리의 활력이 떨어져 수분을 공급해도 수분이 나무로 이동하는 속도가 느려진다. 그러므로 비가 온 후 갑자기 햇빛이 비추면 시설 내부의 온도는 올라 무화과나무의 잎 등에서 수분의 증발량은 많아지지만 뿌리의 활력이 낮아 수분공급에 차질을 준다. 또한 가지 선단부의 어린잎이 시들면서 마르는 경우가 종종 발생하여 생육에 지장을 주기도 한다.

고온은 과일의 온도를 높이고 저장성을 낮추는 원인이 되므로 수확을 한 즉시 과일의 온도를 낮추어 판매하는 것이 필요하다.

2) 단전이 되는 경우를 대비하는 것이 필요하다.

시설하우스 상자재배는 급수와 양분공급에 관비기나 양액기를 이용하고 있다. 단전이 되면 급수와 양액을 급여하지 못하게 되어 문제가 발생할 수 있으므로 대비가 필요하다.

또, 관비나 양액급액 기계가 고장 등으로 작동되지 않을 경우가 생길 수 있으므로 간단한 기계조작법에 대하여 숙지하고 있어야 한다.

3 상자재배 준비

1) 무화과 상자재배 하우스 조건

무화과나무는 반교목성이고 수고가 높다. 따라서 무화과나무를 재배하려면 하우스의 최소 측고는 2m, 동고(하우스 중앙의 높이)는 3.5m 이상이어야 한다.

고온이 지속되는 시기에는 환기가 잘 되도록 하우스의 측창과 천창을 개폐할 수 있어야 하며, 인위적으로 환기가 가능하도록 천장에 환풍기 설치가 되면 더욱 좋다.

또한 급수나 양분을 줄 수 있는 전기, 급수기나 양액기가 필수적으로 준비되어야 한다.

2) 상자재배에 필요한 소요자재

상자재배에 필요한 소요자재는 [표 14-6]과 같다. 묘목, 상자, 상토, 관수자재 등 다양하다.

묘목은 전년도에 생산한 삽목묘를 사용하여도 좋으나 식재 당년 수량을 높이기 위하여 포트 삽목묘를 이용하는 것이 좋다. 상자는 과실용 컨테이너 상자가 좋다. 다른 용기를 이용하여도 용기의 용량은 45L 내외가 바람직하다. 무화과나무 재배용 상자는 측면에 공기가 잘 통하도록 다공용기여야 한다. 다른 과수와 달리 당해 연도에 발생한 어린 뿌리는 죽고 다음에 새롭게 재생하므로 이 과정에서 죽은 어린 뿌리가 썩으면서 유기산을 배출한다. 옆이 막혀 있는 용기는 뿌리가 썩으면서 발생하는 유기산의 피해를 입어 3년 이상이 지나면 뿌리의 활력이 저하된다. 이렇게 되면 관수나 양액을 주어도 10마디 내외로 자라다가 신장의 정지가 오기도 하고 기존에 착과된 무화과를 수확하는 도중에 2차로 재신장하는 등 생육이 나빠져 상자갈이를 해야 한다.

[표 14-6] 상자재배에 필요한 소요자재

품명	규격	수량	단위
묘목	1년생(포트 삽목묘)	1,000	주
상자	플라스틱 컨테이너 박스(45L 내외)	500	개
상토	펄라이트 대립 100L	72	포
	피트모스 210L	72	포
방근천	방근천(110×110cm)	500	장
양액기계	관비기 또는 양액기	1	대
관수자재	드립퍼, 연결구, 여과기 등	-	식

상토는 펄라이트와 피트모스를 혼합한 것을 이용하는 것이 좋지만 원예용 상토를 이용해도 무방하다. 상자에서 뿌리가 밖으로 나와 땅속으로 뻗어 나가는 것을 방지하기 위하여 방근천을 상자 안쪽에 두르고 그 안을 상토로 채운다.

재배면적과 정밀한 관리 등에 따라 양액기, 관비기, 상자 등 급수나 양액을 급여하는 데 필요한 다양한 관수자재가 소요된다. 자주 교체하거나 고장이 나기 쉬운 자재는 여분을 충분하게 구비해 두어야 한다.

4 무화과 재배용 상자 만들기

1) 용기 및 용량

무화과 상자재배에 필요한 용기는 플라스틱 컨테이너박스, 화분, 상자, PP마대 등 어떤 것을 사용하여도 무방하다. 식재 후 8~10년 정도 재배함을 감안하여 내구성이 있는 용기를 사용하는 것이 경제적이다.

상자의 용량은 40L 정도가 알맞다. 30L 이상이면 [표 14-7]에서 보이는 바와 같이 노지에 비하여 과번무하지 않는다. 상자의 용량에 따른 생육은 큰 차이가 없다. 과수농가에서 과실수확 상자 등으로 사용되고 있는 플라스틱 컨테이너 상자가 좋은데 이는 기성품으로, 구입이 용이하고 내구성이 높기 때문이다.

[표 14-7] 용량별 무화과 생육상황 (전남, 2002)

용기용량	간장(cm)	간경(mm)	마디 수(개)	절간장(cm)	엽장(cm)	엽폭(cm)
대비(토경)	300.5	28.0	39.3	7.6	35.0	32.2
30L	196.0	22.0	32.4	6.0	32.8	29.6
40L	206.3	22.5	33.8	6.1	32.9	30.6
50L	213.1	22.2	33.2	6.4	33.0	30.8
60L	213.3	22.7	34.7	6.1	33.4	31.1

또한 무화과나무는 다른 과수와 달리 그해에 난 굵은 뿌리를 제외하고 잔뿌리는 낙엽 후 전정을 실시하면 이듬해 봄에 새롭게 잔뿌리가 재생하는 습성이 있다. 겨울 동안에 죽은 잔뿌리가 썩으면서 유기산이 발생되는데 이 유기산이 자연스럽게 휘발되지 못하면 뿌리의 활력을 저하시켜 생육을 저해하게 된다. 따라서 무화과나무를 심을 용기나 상자의 옆면에는 작은 구멍이 촘촘히 나 있어야 한다.

화분같이 옆면에 공기가 통하는 구멍이 없거나 적은 경우에는 3년이 지나면서 뿌리의 활력이 떨어진다. 그로 인하여 서서히 생육이 저하되어 화분갈이를 하지 않으면 수량이 현저하게 낮아지는 경우도 생긴다.

2) 상토 조제

무화과 상자재배에 사용되는 상토로는 여러 가지가 있을 수 있으나 보수력이 좋고 통기성이 양호한 펄라이트와 피트모스를 혼합한 상토가 좋다.

상토의 혼합은 펄라이트와 피트모스를 1 : 2 분량으로 섞는다. 피트모스는 건조된 상태로 압축되어 있으므로 잘게 부순 다음 섞어주는데 이때 물을 줘 가면서 작업을 해야 한다. 건조한 재료만을 섞어 상자에 담으면 나무를 심고 물을 줘도 골고루 스며들지 않기 때문이다.

[그림 14-8] 무화과재배 상자 만들기 작업

[표 14-8] 상토별 생육상황 (전남, 2001~2002)

배합상토	간장(cm)	간경(mm)	마디 수(개)	절간장(cm)	엽장(cm)	엽폭(cm)
대비(토경)	300.5	28.0	39.3	7.6	35.0	32.2
밭흙	111.0	15.8	21.1	5.3	28.7	27.0
밭흙+퇴비(1:1)	120.5	18.7	22.2	5.4	30.9	27.8
펄라이트+버미큘라이트(1:1)	216.5	22.7	34.0	6.4	34.3	30.7
펄라이트+피트모스(1:2)	202.5	22.6	33.5	6.0	33.3	30.4

 상토제조가 완료되면 준비된 상자 안쪽에 방근천을 덮는다. 이것은 무화과나무 뿌리가 밖으로 나오지 못하도록 하는 작업이다. 무화과 재배상자는 보통 8~10년을 사용하여야 하므로 방근천은 잘 썩지 않는 '다우다' 천을 사용하는 것이 좋다. 이때 같은 천이라도 촘촘한 천을 구입하여 사용하는 것이 바람직하다.

3) 나무심기

 상자에 방근천을 안쪽으로 덮은 다음 상토를 채운다. 상토는 가볍고 거칠어서 눌러 담지 않으면 나중에 가라앉아 추후에 추가로 채워야 하는 일이 생길 수 있다.

당년 삽목된 묘목　　　　전년도에 삽목한 묘목

[그림 14-9] 묘목의 종류

[그림 14-9]의 사진에서 보이는 것과 같이 묘목은 전년도에 삽목되어 심는 것과 당년도에 육성하여 심는 묘목으로 나눈다. 전년도에 삽목으로 육성한 묘목은 상자에 심은 다음 새로운 뿌리가 나오면서 생육을 시작한다. 이밖에 당년도에 삽목하여 잎이 4~5매가 발생된 묘목을 심는 방법이 있다. 상자재배에서는 당년의 생산량을 높이기 위해서 당년에 포트 삽목된 묘목이 더 좋다.

　나무를 심을 때에는 한 상자에 묘목을 1주나 2주를 심는데 1주를 심을 때에는 상자의 중앙에, 2주를 심을 때에는 반으로 나눈 곳의 중앙에 각각 심어준다. 심은 후에는 관수를 충분히 하여 뿌리와 상토가 서로 들뜨지 않도록 해준다.

4) 식재방법 및 재식거리

　무화과 묘목은 삽목으로 번식하여 이용하는데 분갈이를 용이하게 하기 위하여 가능한 한 직립으로 심어야 한다. 재식거리는 2×1m로 배치하여 10a당 500주를 식재한다.

[그림 14-10] 상자거리 2×1m 간격으로 놓기

5 무화과 상자재배 방법

1) 착과부위의 광 환경

　무화과 시설하우스의 광환경은 결과지 수 및 착과량 별로 착과 하위 부위인 제5절간에서 조도량을 측정해 보면 알 수 있다. 비닐하우스 외부의 조도가 110~140Klux일 때 하우스 내부에서 수관 외부의 조도량은 39~47Klux로 하우스 외부 조도량의 35% 수준이었다. 피복재료별 광투과율은 유리온실이 89.8%, 비닐하우스는 59.1%(권민경, 2003)이었다. 그러나 시험 결과 피복 3년째인 비닐하우스에서는 피복비닐 외부에 먼지 등이 끼어 광투과율이 나빠진 것으로 나타났다.

　무화과의 광포화점은 40Klux이며 광보상점이 1Klux로 음지에도 잘 자라는 나무이다. 착과 부위의 상대 조도율이 15% 이상 확보되어야 고품질과를 생산할 수 있다(農業技術大系, 1983). 그러나 일상적인 날씨에는 품질에 커다란 변화가 없었고 강우가 계속되는 장마기에는 착색이 나빠지고 숙기가 지연되는 현상을 보였다. 이러한 점을 보완하기 위하여 지면에 반사필름을 피복하여 부족한 광을 보완하고 과일의 색택을 좋게 해야 한다. 결과지당 착과량이 같더라도 결과지 수가 많으면 착과부위의 수광량이 현저히 낮아진다. 결과지당 착과 수가 같은 처리에서 결과지 수가 8개보다 6개에서 수광량이 0.9~2.7% 정도 많아짐을 볼 수 있다. 수관내부의 조도량이 4.5Klux 이상이면 고유의 색택, 당도 등을 얻는 데 큰 지장이 없다.

2) 온도

　무화과재배는 생육 단계별 온도관리가 중요하다. 조기에 발아시키기 위해서는 이른 봄의 하우스 내부 최고온도를 35℃ 정도로 높여 뿌리가 있는 상토의 온도를 올린다. 이 시기에는 35℃의 온도에도 생육이 저해되지 않는다. 근권의 온도가 12~13℃에 이르면 전정부위에서 수액이 흐르기 시작한다. 잠자고 있던 눈이 부풀어 오르기 시작하면 하우스 내 최고온도가 30℃를 넘지 않도록 해주어야 한다. 높은 온도에서 발아하고 새순이 나면 웃자라고 착과마디가 높아지기 때문이다.

| 지온이 오르면서 수액이 흐름 | 수액이 마르면서 발아가 시작 |

[그림 14-11] 지온상승과 발아

또 여름철의 고온은 착색을 나쁘게 하고 당도를 낮게 하므로 환기에 철저한 주의를 기울여야 한다. 착과기에 오랜 시간 동안 33℃ 이상의 온도가 지속되면 수분 증발이 심해진다. 이때 수분을 빼앗긴 어린 열매가 노랗게 변하면서 탈락하게 된다.

| 착과 직후 | 어린 과일 고온 피해 |

[그림 14-12] 고온에 의한 어린 과일 낙과

시설하우스에서 마디마다 착과가 잘 되다가 2~3마디, 심하면 5~6마디까지 열매가 달리지 않고 그 위쪽에 착과되는 현상이 나타난다. 이처럼 중간에 열매가 달리지 않는 현상은 [그림 14-12]와 같이 고온에 의하여 어린 과일이 노랗게 변하여 탈락하였을 가능성이 매우 높다.

3) 전정

전년도에 수확한 가지에서는 무화과가 달리지 않는다. 상업적인 무화과재배는 추과 위주이기 때문에 전정을 실시하여 새순을 길러 결과지로 활용한다. 그러므로 낙엽이 진 이후에는 전정을 생각해야 한다.

전정을 하는 시기는 이듬해 발아기 이전이다. 다음 해에 새순을 발생시키기 위해 수확을 마친 잎은 줄기나 뿌리에 양분을 저장한다.

하지만 무화과나무는 강한 절단 전정을 하므로 가지에 저장된 양분을 사용할 수가 없기 때문에 전정을 늦출 필요가 없다. 전정하는 시기를 발아직전까지 늦추게 된다면 동절기에 하우스를 개방하여 양분소모를 최대한 방지하는 관리를 해야 한다. 그래도 뿌리의 활동이 완전히 멈추지 않고 가지의 수분 증발과 함께 뿌리에 있는 영양분의 소모가 커져 다음 해 새순의 발생이 느리거나 충실하지 못한 경우가 생긴다.

잘린 자리에 도포제 도포   1~2마디를 남기고 전정

[그림 14-13] 전정

그래서 낙엽이 진 후 곧바로 전정을 해주는 것이 여러 측면에서 유리하다. 전정 후에는 전정된 자리에 수분 증발이 억제되도록 도포제를 발라주어야 한다. 무화과 가지는 부드럽고 중앙이 비어 있어 도포제를 바르지 않으면 건조피해를 받기 쉽다.

동해를 입기 쉬운 지역에서는 보온피복작업을 하는데 전정이 되어있지 않으면 보온피복작업도 어렵다. 따라서 낙엽이 진 후 바로 전정을 실시하고 동해가 발생하기 쉬운 지역에서는 부직포 같은 피복재로 보온해 주는 것이 좋다.

부직포 　　　　　　　　　　　　　　　　짚

[그림 14-14] 동절기 피복재료

4) 순 솎기

발아 후 2~3엽이 전개되면 순 솎기를 해준다. 기부에서 1~2마디를 남기고 전정하였다 하더라도 잠아가 매우 많기 때문에 여러 개의 새순이 발생한다. 상자재배의 10a당 적정 결과지는 2,500개 정도로 500상자가 배치되어 있다면 상자당 결과지는 5개 정도이다.

식재 당시에 2주를 심었다면 결과지 수는 더 이상 늘릴 필요가 없다. 간혹 1~2개가 부족하면 1개의 전정가지에서 부족한 결과지만큼의 새순을 남기고 순을 솎아주면 된다. 1주를 심었다면 식재 후 1년 차에는 2~3개의 결과지가 확보되었을 것이므로 상자당 부족한 2~3개의 새순을 더 남기면 된다.

어린 새순은 각각의 생장이 다르다. 따라서 생장이 비슷한 것을 남기고 솎아 주어야 한다. 예를 들어 생육이 강한 순으로 남기게 되면 생육이 왕성한 새순이 그보다 약한 다른 가지의 영양을 빼앗아 간다. 때문에 가장 약한 가지에서는 착과가 늦어지고, 생육이 왕성한 가지에는 영양생장을 계속하여 착과가 이루어지지 않거나 윗마디에 착과되므로 주의해야 한다.

[그림 14-15] 무화과 상자재배의 생육단계

5) 적심(순지르기)

물 관리와 양액관리가 정상적이라면 보통 23마디까지 착과된 과일을 수확할 수 있다. 따라서 25마디에 착과가 이루어지면 순지르기를 실시한다.

순지르기를 하고 나면 아랫마디까지 광환경이 매우 좋아진다. 이러한 효과로 과일이 정상적으로 착색된다. 하지만 지속적으로 양분과 수분을 공급하기 때문에 잘라진 마디 아래 3~5마디에서 곁순이 발생하게 된다. 이렇게 발생된 곁순을 방치할 경우에는 각각의 곁순이 자라 무성하게 되어 착색이 나빠지게 되므로 필히 제거해야 한다.

6) 물비료 급액량 및 농도

무화과 상자재배에서 관수량과 양액의 농도는 생육 및 생산량에 큰 영향을 미친다. 상자재배에서는 관수와 양액을 동시에 준다.

무화과 전용양액이 개발되기 전까지는 '호글랜드' 양액이나 '토마토한방' 양액 등을 사용하였다. 일부 농가에서는 지금까지 이러한 양액의 조성물을 사용하여 양분관리를 하고 있다. 현재는 질소과잉과 적정한 농도조절 문제 등 많은 문제점을 안고 있어서 전라남도농업기술원에서 개발한 무화과 전용양액을 시용하고 있다.

양액의 농도는 휴면기에 EC 0.8을 급액하고, 새순이 발생하여 5매가 되면 최초 수확기까지 EC 1.0부터 1.2사이로 준다. 수확이 시작되면 EC 1.5~2.0을 준다. 관수는 양액과 함께 급수가 되는데 양액이 희석된 것을 수차례 나눠준다.

양액의 급액량은 수령과 상토, 날씨, 생육상태에 따라 다르게 주는데 1회 500mL 정도다. 더 많은 양을 주게 되면 상자 밖으로 양액이 흐른다. 상자의 크기나 상토에 따라 다르겠지만 1회 급액량은 양액이 상자 밖으로 흐르지 않는 한도 내에서 최대한 주는 것이 원칙이다.

양액을 급여하는 횟수는 여러 가지 기상여건과 생육상황을 고려하여 주는데 일반적으로 휴면기인 동절기에는 상자에 양액이 흐를 정도로 충분히 준다. 그 다음 1개월에 한 번씩 처음과 같이 주어 상토가 건조한 상태가 유지되는 정도로 급액한다. 발아 이후부터는 하루 1회, 생육이 왕성한 시기에는 하루 8회 정도를 상토의 수분 상태를 봐가면서 급액한다. 이 시기가 지나고 수확기가 되면 상토가 약간 건조한 정도로 급액해야 당도가 높아진다.

수확시기에는 당도를 높이기 위하여 수확을 끝마친 후 최초 급액이 되도록 하고, 가능한 한 오후 4시 이후에는 급액을 하지 않는다. 이 시기의 적정한 양액 관수량은 오후에 잎에 약간 시들음이 오는 정도에서 다음 날 아침 정상적인 잎으로 되돌아 올 수 있는 정도다.

[표 14-9]와 [그림 14-16]의 결과를 볼 때 생육기별 EC 농도에 따라 발아기 0.5, 착과기 1.0, 성숙기 2.0을 주는 것이 가장 높은 당도를 보이며, 수량과 과중이 높은 것을 볼 수 있다.

[표 14-9] EC 농도별 당도 변화

수확 시기(월)		7중	7하	8상	8중	8하	9상	9중	9하	평균
당도 (°Brix)	◆	11.6	11.9	12.1	12.7	13.8	11.5	12.5	12.5	12.4
	■	11.4	11.8	12.5	12.4	14.4	11.4	14.1	13.3	12.8
	▲	11.8	11.6	12.9	12.3	14.5	12.3	13.7	13.5	12.9

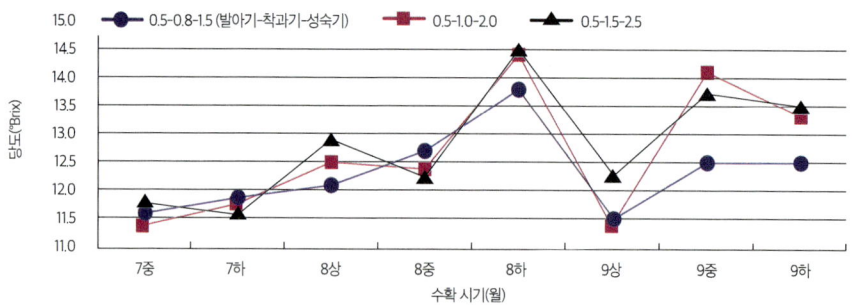

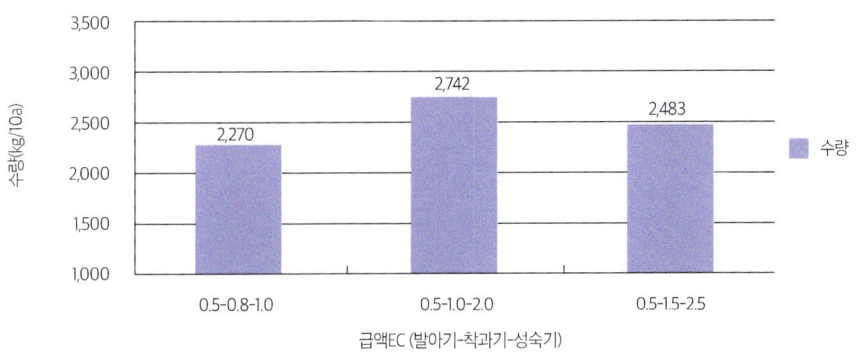

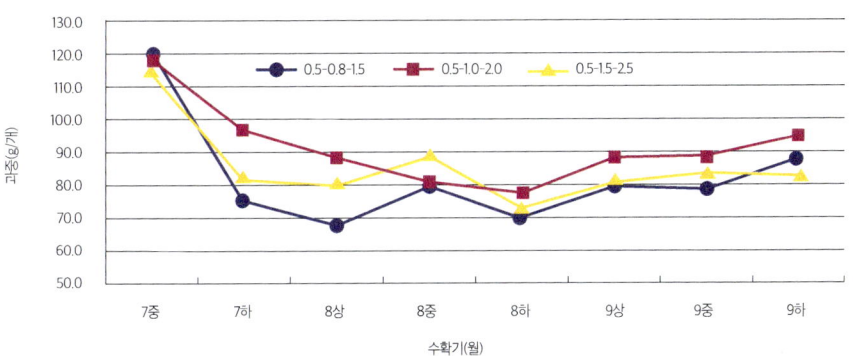

[그림 14-16] 양액 농도별 수량 및 수확 시기별 과중 변화

7) 무화과 저장력 증진을 위한 칼슘제 엽면살포 효과

무처리 　　　　　　　　　　　　 칼슘제 처리

[그림 14-17] 칼슘제 처리 후 처진 엽이 개선된 모습

햇빛 부족 등으로 잎이 처지고 과일이 물러질 때 칼슘제를 엽면살포하면 수광자세가 좋아지고 저장력이 증진된다. 염화칼슘을 400배로 희석하여 무화과 최초 수확 1개월 전인 7월 상순부터 10일 간격으로 4회에 걸쳐 초고속 미립분무기를 이용하여 약액이 흐를 정도로 충분히 엽면살포한다. 이때 잎과 과일 등 무화과나무 전체에 충분한 양을 살포한다.

[그림 14-17]과 같이 염화칼슘을 잎과 줄기, 과실 등에 살포한 결과 무처리에 비하여 잎의 두께가 8%, 수광자세에 영향을 주는 잎각은 16%가 개선되었다.

[표 14-10] 잎 생육 상황 (전남, 2006)

구분	잎두께(mm)	잎각(°)
무처리	0.327(100%)	-29.3(100%)
칼슘제(염화칼슘)	0.353(108)	25.2(116)

[표 14-11] 저장기간별 경도 변화 (전남, 2006)

구분	저장기간별 경도(3mm/sec, probe 2mm)					
	1	2	3	4	5	6일
무처리	69.0	48.4	28.0	-	-	-
칼슘제(염화칼슘)	91.4	69.3	55.0	48.1	44.5	24.1

8) 곁순발생 억제기술

적심을 하고나면 곁순이 발생하는데 이를 억제하기 위하여 소금물이나 바닷물을 이용한다.

① 바닷물

바닷물의 염농도와 함유되어 있는 무기성분을 분석한 결과는 [표 14-12]와 같다.

[표 14-12] 바닷물 염농도 (전남, 2006)

염농도	EC	pH
3.2±0.1	38.9±1	7.63±1

※ 바닷물 채취지역 : 영암군 삼호읍 현대조선 인근 해안

[표 14-13] 바닷물의 무기성분 함유량 (전남, 2006) (mg/L)

Na	NO_3-N	P_2O_4	K	Ca	SO_4-S	Mg
9,619	66	-	337	520	851	1,146
Fe	Cl	Mn	B	Zn	Cu	Mo
0.0044	18,607	0.0044	3.9	0.3554	0.0072	0.3514

바닷물에는 나트륨뿐만 아니라 다양한 미네랄이 함유되어 있어 미네랄이 부족하기 쉬운 작물에 광범위한 효과를 나타낸다. 바닷물 희석농도에 따라 여러 가지 효과가 발생되는데 이를 무화과 시설재배에 시험한 결과 액아발생 억제와 당도 향상에 효과가 있었다.

[표 14-14] 바닷물 농도별 엽면살포 20일 후 액아발생 상황 (전남, 2006)

바닷물 희석농도	염농도(%)	곁순 발생(수)		곁순 제거 소요시간		새순 길이 (cm)	절간 수(개)
		결과지당	10a당	10a당(시간)	비율(%)		
15배	0.2	0.8 c z	2,400	4.7	33	2.3	2.1
30배	0.1	1.3 b	3,900	8.2	54	6.0	4.0
60배	0.05	1.5 b	4,500	8.8	63	5.8	4.3
무처리	0	2.4 a	7,200	14.0	100	9.1	4.4

[그림 14-18] 바닷물 엽면살포에 따른 액아발생

 바닷물 엽면살포는 무화과 잎을 두껍게 한다. 엽면살포 농도가 높을수록 잎이 두꺼워져 무처리 했을 경우 0.327mm였던 것에 비하여 500배 희석액 엽면살포에서는 0.353mm로 나타났다.

바닷물에 함유된 칼슘(Ca) 성분에 의한 것인지 확실하지 않지만 수광자세에 영향을 주는 잎각의 개선 효과는 뚜렷하게 나타났다. 무처리구의 잎각은 잎이 지표면 쪽으로 휘어져서 지표면과 수평보다 낮은 -4.4°이나 60, 30, 15배에서는 -1.4, 2.6, 3.7°로 지표면보다 위쪽으로 향하고 있었다. 이처럼 바닷물을 희석하여 살포하였을 때 잎의 두께가 두꺼워지고 잎각이 개선되어 잎의 일조 자세가 개선되거나 향상되는 결과를 얻을 수 있다.

[표 14-15]와 같이 수량과 과중, 주당 수확과 수, 외관, 산도는 무처리와 바닷물 희석 엽면살포 처리 간 차이가 없었으나 당도는 30배 희석 엽면살포 처리의 경우 15.0°Brix로 무처리 14.3°Brix에 비하여 0.7°Brix 높았다.

[표 14-15] 과실 수량 및 품질 (전남, 2006)

바닷물 희석농도	수량 (kg/10a)	과중 (g/개)	주당 수확 과일 수(개)	당도 (°Brix)	산도 (%)	외관 (1-5)
15배	2,481	78.4	63.3	14.6	0.22	4.3
30배	2,506	77.1	65.0	15.0	0.22	4.2
60배	2,535	77.3	65.6	14.3	0.22	4.3
무처리	2,501	77.9	64.2	14.3	0.22	4.2

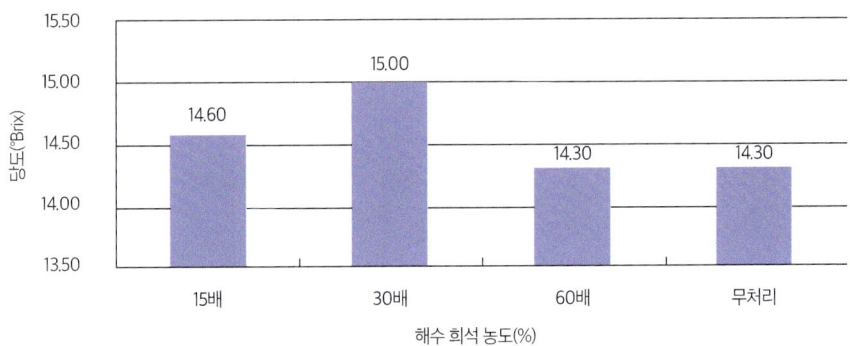

[그림 14-19] 해수 희석 농도별 당도 변화 (전남, 2006)

② 소금물

바닷물을 구하기 어려울 때에는 소금물을 사용할 수 있다. 소금을 증류수에 30배로 희석한 성분을 분석한 결과 [표 14-16]에서와 같이 EC 42.0, pH 6.45였고 Na은 12,517, Cl은 19,681mg/L과 기타 소량의 양이온을 함유하고 있었다.

[표 14-16] 소금 성분 (mg/L)

EC	pH	Na	Ca	Mg	Fe
42.0	6.45	12,517	3.00	3.54	0.0044

Cl	Mn	B	Zn	Cu	Mo
19,681	0.0012	0.0404	0.0062	0.0301	0.0135

[표 14-17] 소금물 엽면살포 20일 후 곁순발생 상황 (전남, 2006)

바닷물 희석농도	염농도(%)	곁순발생(수)		곁순제거 소요시간		새순 길이 (cm)	절간 수(개)
		결과지당	10a당	10a당(시간)	비율(%)		
15배	0.2	1.3 c^z	3,900	7.6	54	4.8	3.7
30배	0.1	1.4 b	4,200	8.2	58	4.8	3.8
60배	0.05	1.7 b	5,100	9.9	71	7.6	4.4
무처리	0	2.4 a	7,200	14.0	100	9.1	4.4

무처리

소금물 500배

[그림 14-20] 소금물 엽면살포에 따른 액아발생 (전남, 2006)

소금물 엽면살포의 목적은 곁순발생 억제로 인한 곁순제거 노동력 절감에 있다. 적심 후 관행대로 자연 발생되는 곁순은 10a당 7,200여 개였으나 소금물 500배에서 3,900개, 1,000배에서 4,200개, 2,000배에서 5,100개가 발생되었다. 이렇게 발생된 곁순제거에 소요되는 시간은 무처리에서 14시간이 소요되었고 소금물 500배는 7.6시간, 1,000배는 8.2시간, 2,000배는 9.9시간이 소요되어 곁순 발생량과 제거 노동력의 절감비율은 무처리에 비하여 각각 46, 42, 49%로 곁순 제거 노동력 절감효과가 나타난 것을 볼 수 있다. 또한 바닷물을 물과 15, 30, 60배로 희석하여 엽면살포하였을 경우 무처리에 비하여 33, 54, 63%의 곁순제거 노동력이 절감되었다.

[표 14-18] 소금물 엽면살포 농도별 잎색 및 잎 두께

소금물 희석농도	잎색(SPAD-502)	잎 두께(mm)	잎각(°)
15배	49.7 ab z	0.349 ab	- 0.1b
30배	50.6 a	0.387 a	- 1.0b
60배	50.2 a	0.325 bc	- 0.6b
무처리	48.4 b	0.303 c	- 4.4a

소금물 엽면살포는 무화과나무의 곁순발생을 억제하는 효과와 잎의 수광자세에도 영향을 미치는 것으로 보인다. 무처리에 비하여 소금물 엽면살포는 잎색과 잎 두께에도 좋은 영향을 미쳤다. 잎색은 무처리 48.4에 비하여 소금물 1,000배에서 50.6으로 짙어졌으며 잎각은 무처리 -4.4°보다 4.3°가 개선된 -0.1°였다. 잎 두께는 무처리구에서 0.303mm의 두께였고 모든 소금물 엽면살포구에서는 두꺼워졌다. 이는 소금물에 녹아 있는 각종 미량요소의 엽면살포 효과로 보인다.

9) 반사시트를 이용한 보광재배 및 총채벌레 예방

　최초 수확기부터 5~6마디를 수확할 때까지의 아랫마디에 착과된 과실은 일조가 부족하므로 빛이 반사되는 필름이나 흰색 시트를 지면에 피복하여 무화과 껍질색이 잘 나오도록 해주면 좋다.

　또한 총채벌레가 기피하는 빛의 산란을 이용하기 위하여 착과 초기에 나무 주변에 반사시트를 설치하여 준다.

착색증진 보광재배　　　　　　생육 초기 총채벌레 예방시트

[그림 14-21] 광 반사재료 이용

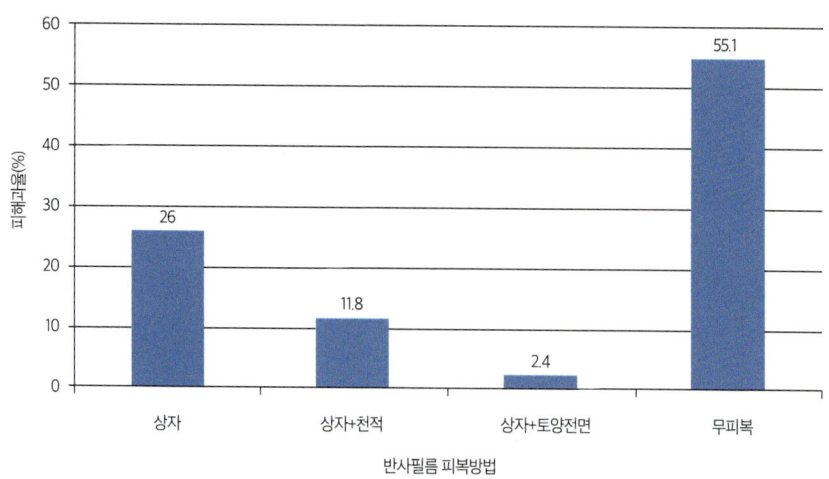

[그림 14-22] 반사필름 피복방법에 따른 피해과율 (전남, 2006~2007)

10) 수확작업이 용이한 운반구 설치

무화과 수확작업 시 시설 내에서 수확한 과실을 바구니에 담아 옮기는 일은 생각보다 고되고 많은 시간이 소요된다. 따라서 시설 내부에 행거를 설치하면 수확작업이 쉬워지고 수확 노동력이 절감된다.

행거   레일

[그림 14-23] 수확 과실 운반구

11) 질소과잉과 광부족에 의한 미착과 대책

질소과잉이나 시설에 의하여 햇빛이 부족한 곳에서는 생육이 왕성하여 착과가 잘 안되거나 잎이 커지는 경우가 발생하는데 이럴 때에는 환상박피를 실시해 준다. 환상박피를 하면 지상부의 생육이 느려지고 착과가 잘 안 되는 나무라도 즉시 착과가 되는 경우가 있다.

환상박피는 아랫마디 부분이 경화되는 시기에 15마디 이상 자란 나뭇가지에 실시한다.

기부쪽 아랫마디 환상박피   중간마디 환상박피

[그림 14-24] 환상박피

주로 가지의 기부로부터 5~6마디에서 환상박피를 해주면 된다. 가지의 영양 상태에 따라 환상박피의 넓이를 다르게 하는데 보통 가지 직경의 1~1.5배 정도를 환상박피 한다. 환상박피를 하게 되면 가지가 잘 부러지기 때문에 관리에 유의하여야 한다.

12) 상자갈이

무화과나무의 수령이 많아지면 통기성이 나빠지므로 분갈이를 해주어야 한다. 상토의 종류에 따라 다르나 흙이 섞인 상토는 3~5년마다 분갈이를 해준다. 펄라이트와 피트모스를 섞은 상토에서 무화과나무가 8~10년 사이가 되면 균일하지 않은 생육을 보인다. 이때 분갈이를 해주거나 기존의 나무를 버리고 새롭게 상토와 묘목을 교체해주어야 한다.

참고자료

1. 무화과 주요 품종 특성표

구분	품종명	수확기	과형	과피색	과육색	당도 (°Brix)	과중 (g)	특징
하과	비오레도우핀	6하~7상	난형	자색	황색	12.5~18	100~200	
하과	산페드로화이트	6하~7상	원형	황록색	백색	12~16	100	
하과	킹	6하~7중	난형	녹색	도색	18	40~200	대과, 고당도
추과	봉래시	9상~10하	원형	자색	선홍색	12~16	60~80	내한성
추과	니그로라고	8하~9중	난원형	자흑색	황색	16~17	30~60	
추과	세레스토	8하~9중	난형	자갈색	도색	18	17~23	
추과	화이트제노아	8중~10하	난형	황록색	홍색	16.5	50	
하·추과 겸용	승정도우핀	6하~7상 8중~10하	난형	녹자색 자갈색	도색 도색	12.5 12~19	130~120 50~110	풍산성
하·추과 겸용	브라운터키	6하~7중 8하~10상	난원형 난형	자갈색 연갈색	암적색	17.5	80 40~70	
하·추과 겸용	바나네	6하~7중 8하~10하	난형 장란형	황록색	유백색	16.5 23	110~250 35~120	내한성
하·추과 겸용	카도타	7상~7중 9상~10하	난원형 난원형	황록색 녹자색	유백색	17.5	50 30~70	건과용
하·추과 겸용	조생 봉래시	7하 8하~10하	난형 난형	적자색	선홍색	12.5~ 16.5	100 50~90	조생종

2. 2011~2016년 목포원예농협 공판장 평균 경락가격

가. 연도별 평균 경락가격(원/kg)

품종명 \ 연도	평균	2016년	2015년	2014년	2013년	2012년	2011년
승정도우핀	3,851	3,056	3,417	3,398	5,059	3,807	3,920
봉래시	3,136	3,247	3,202	2,257	4,322	3,179	2,611

나. 월별 평균 경락가격

- 승정도우핀(년, 월, 원/kg)

품종명 \ 연도	7월	8월	9월	10월	11월	12월	평균
2016	4,179	4,471	5,260	1,195	2,423	-	3,506
2015	5,581	4,476	2,893	3,026	2,031	2,496	3,417
2014	6,259	2,922	2,209	2,988	2,613	2,520	3,398
2013	7,722	5,363	4,609	4,480	3,820	4,361	5,059
2012	4,424	3,294	3,072	4,706	3,538	3,821	3,807
2011	5,153	4,847	4,146	4,128	2,651	2,592	3,920

- 봉래시(년, 월, 원/kg)

품종명 \ 연도	7월	8월	9월	10월	11월	12월	평균
2016	-	5,318	3,050	2,465	2,156	-	3,247
2015	-	6,444	3,488	2,332	1,281	2,465	3,202
2014	-	3,871	2,934	2,087	1,852	542	2,257
2013	-	6,337	5,248	4,090	3,160	2,774	4,322
2012	-	2,731	3,447	4,127	2,412	-	3,179
2011	-	-	-	3,384	2,584	1,866	2,611

다. 순별 평균 경락가격

- 승정도우핀(년, 월, 순, 원/kg)

연도 \ 월	7월 상	7월 중	7월 하	8월 상	8월 중	8월 하
2016	7,827	4,164	4,843	4,167	4,353	4,712
2015	-	7,029	5,533	4,316	3,746	4,476
2014	4,333	7,899	6,072	5,030	3,298	2,160
2013	5,162	7,291	7,919	8,249	4,875	5,026
2012	7,000	3,206	4,494	4,647	3,813	2,265
2011	-	5,872	5,073	7,628	5,582	3,819

연도 \ 월	9월 상	9월 중	9월 하	10월 상	10월 중	10월 하
2016	5,733	4,805	5,138	2,229	2,197	1,467
2015	2,615	3,602	2,514	3,467	2,984	2,699
2014	1,886	1,970	2,712	2,974	3,039	2,947
2013	6,252	4,182	3,595	5,093	4,502	3,837
2012	2,484	2,518	4,508	4,654	5,436	4,296
2011	3,495	4,201	4,687	5,799	3,558	3,592

연도 \ 월	11월 상	11월 중	11월 하	12월 상	12월 중	12월 하
2016	2,683	1,947				
2015	3,112	1,332	2,343	2,880	2,176	-
2014	3,054	2,305	2,158	2,284	2,904	1,968
2013	3,861	3,159	5,113	4,903	3,100	-
2012	2,914	4,539	4,735	3,821	-	-
2011	2,325	3,163	3,927	2,522	3,653	-

- 봉래시(년, 월, 순, 원/kg)

연도 \ 월	7월			8월		
	상	중	하	상	중	하
2016	-	-	-	-	5,524	5,296
2015	-	-	-	-	-	6,444
2014	-	-	-	-	-	3,871
2013	-	-	-	-	9,198	6,206
2012	-	-	-	-	-	2,731
2011	-	-	-	-	-	-

연도 \ 월	9월			10월		
	상	중	하	상	중	하
2016	3,141	3,448	2,743	2,689	2,672	2,012
2015	3,853	3,894	2,860	3,096	2,395	1,786
2014	3,949	2,764	2,759	2,338	1,958	1,802
2013	7,014	5,157	4,329	4,701	4,880	3,041
2012	3,002	3,076	3,721	4,497	4,118	3,559
2011	-	-	-	-	-	3,384

연도 \ 월	11월			12월		
	상	중	하	상	중	하
2016	3,172	2,828	-	-		
2015	2,520	716	2,618	2,465	-	-
2014	2,090	1,586	1,785	542	-	-
2013	3,163	2,883	4,037	2,774	-	-
2012	2,338	2,773	2,044	-	-	-
2011	2,199	3,576	3,578	1,866	-	-

라. 농가 유통 유형별 출하가격 비교

○ 총생산량 중 공판장 출하 비율(%)

품종별 \ 지역	영암	해남	함평	평균
승정도우핀	35.5	27.0	20.2	27.6
봉래시	28.0	-	-	28.0

○ 공판장 가격 대비 농가직접 출하가격 비율(%)

품종별 \ 비율	출하가격 비율(%)	비고
승정도우핀	161.5	인터넷+농가직판+중간상인+작목반 평균
봉래시	145.0	

※ 2016년 인터넷 판매금액

3. 무화과 등록약제(2017)

병해충	약제 상표명	희석 배수	사용시기 (수확 전)	사용 횟수	비고
역병	에이스, 포룸(수)	1,000	14일 전까지	3회	경엽 처리
	온저내, 젠토팜, 유일스피드(수)	1,000	14일 전까지	3회	〃
	오티바, 역발산, 나타나(액)	1,000	발병 초부터 10일 간격	3회	〃
	HE탑앤탑, 병자비, 폴리비전, 아너스, 아리아족시, 미라도, 두루두루, 프리건, 다승왕	1,000	14일 전까지	3회	〃
	자부심(수)	1,000	14일 전까지	4회	〃
	알리에테(수)	2,000	14일 전까지	4회	〃
가루 깍지벌레	깍지탄골드(수)	2,000	7일 전까지	2회	〃

병해충	약제 상표명	희석 배수	사용시기 (수확 전)	사용 횟수	비고
대만 총체벌레	올가미(액)	2,000	7일 전까지	3회	〃
	에이팜, 닥터팜(유)	2,000	7일 전까지	3회	〃
	맥스팜, 코난, 신무기, 킹팜골드, 클라스, 메기히트, 동작그만, 센섬, 위록, 파일럿(유)	2,000	7일 전까지	3회	〃
	아타라(입수)	2,000	14일 전까지	3회	〃
	아라치(입수)	2,000	14일 전까지	3회	〃
목화 진딧물	모스피란(수)	2,000	7일 전까지	2회	〃
	젠토스타, 어택트, 샤프킬(수)	2,000	7일 전까지	2회	〃
	아리이미다, 코니도, 코사인, 코만도, 호리도, 비법(수)	2,000	7일 전까지	2회	〃
	타격왕, 코르니, 래피드킬, 트랙다운, 뜨물탄, 총채·진디·꽃매미·가루이뚝(수)	2,000	7일 전까지	2회	〃
	아타라(입수)	2,000	14일 전까지	3회	〃
	아라치(입수)	2,000	7일 전까지	3회	〃
	세티스, 만능키(입수)	2,000	7일 전까지	1회	〃
	체스(수)	3,000	7일 전까지		〃
응애	올웨이즈, 겔럭시, 로멕틴, 아마멕킬, 안티멕, 쏘렌토, 코멕틴, 빅캐넌, 아라베스크, 레닷고(유)	3,000	7일 전까지	2회	〃
	올스타, 버티맥, 인덱스, 로멕틴, 선문이응애충(유)	3,000	7일 전까지	3회	〃
	가네마이트(액)	1,000	14일 전까지	2회	〃
	주움(액)	4,000	7일 전까지	2회	〃
	렘페이지(액)	1,000	7일 전까지	2회	〃
저장성 향상	이프레쉬(가스)	1,000	수확 후 16시간	-	밀봉 처리

4. 무화과(노지재배)

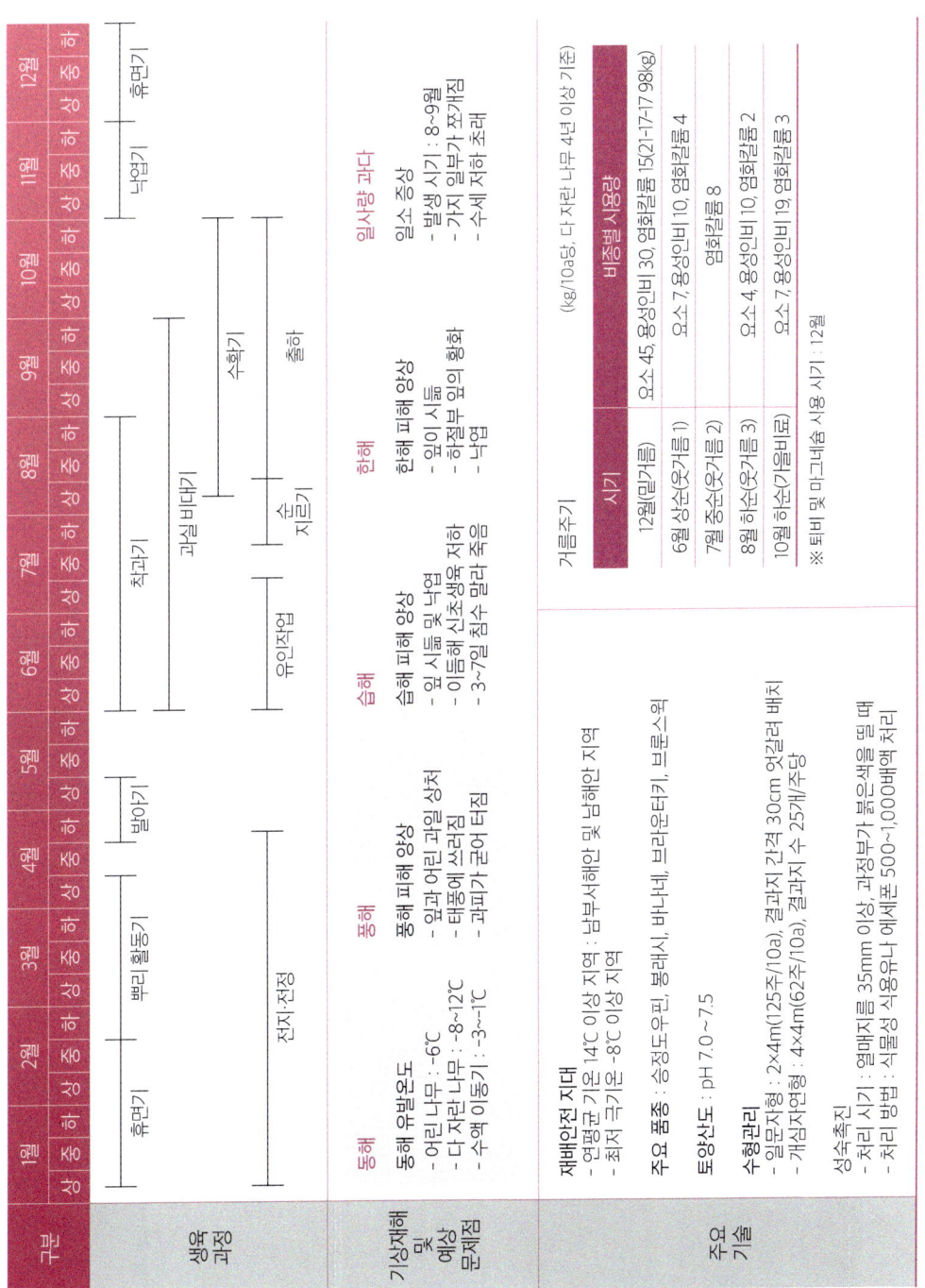

재배적 특성

학명	Ficus carica L.		분류		뽕나무과
생육온도	평균온도	13℃	생육적온		25~30℃
	동해온도	-7~9℃	착색적온		15~20℃
	발아근권온도	13℃	저장적온		0~1℃
재배적지	겨울철 최저온도가 -6℃ 이하로 내려가지 않는 13℃ 등온선 이남의 온량지수 105 이상 지역으로 토양층이 깊은 사양토나 사질양토로 토양산도 pH 7.2~7.5				
생리적 특성	○ 무한화서로 낙엽이 질 때까지 열매맺음 ○ 저온감응 기간이 아주 짧음(수 시간) ○ 광보상점은 1,000lux, 광포화점은 40,000lux임 ○ 중성이나 약한 알칼리성 토양에서 생육이 양호 ○ 상온에서 저장기간은 1~2일로 매우 짧고 과피가 얇음				
품질 향상기술	○ 수확 시기 비가림을 통한 당도 향상 관리 필요 ○ 수세가 강하거나 약하면 하엽이 황화 낙엽이 됨 ○ 수확 후 과일의 온도가 낮은 새벽에 하고 수확 즉시 예냉후 출하 ○ 유통 및 판매에서도 콜링시스템을 이용해야 함				

작형별 출하시기

작형	발아기	착과기	수확기	출하성기
보통재배	4월 하순~5월 상순	5월 하순~	8월 중순	9월 중순
성숙촉진재배	4월 하순~5월 상순	5월 하순~	8월 상순	8월 하순

기상재해 및 생리장해 대책

항목	내용
동해	○ 냉기가 정체되는 곳 피하기 ○ 지표면이 잡초 등을 제거하여 방열조건 해소 ○ 전년도의 신초를 건강하게 키워 내동성 키우기 ○ 서리 피해 방지대책 세우기
풍해	○ 방풍수나 방풍망 설치 ○ 나무 키를 낮게, 건강하게 관리
습해	○ 과원 내 과다한 수분이 정체되지 않도록 경도랑·속도랑 배수구 설치 ○ 과원 주변에 높이나 지하수위가 높은 곳이 있으면 침투수가 들어오는 것을 차단
한해	○ 인위적인 물주기가 가능하도록 스프링클러, 점적관수 시설 등 설치 ○ 토양의 건조를 방지하도록 짚이나 보릿짚을 덮거나 비닐 바닥덮기 (멀칭) 실시
일소	○ 일소 피해는 직사광선에 따른 수체 온도상승으로 인한 피해 ○ 수체의 온도상승과 수분 증발 방지를 위한 흰색 도포제 등 바르기 ○ 토양이 너무 건조하지 않도록 하고 조기낙엽 방지

294

5. 무화과(시설재배 무가온)

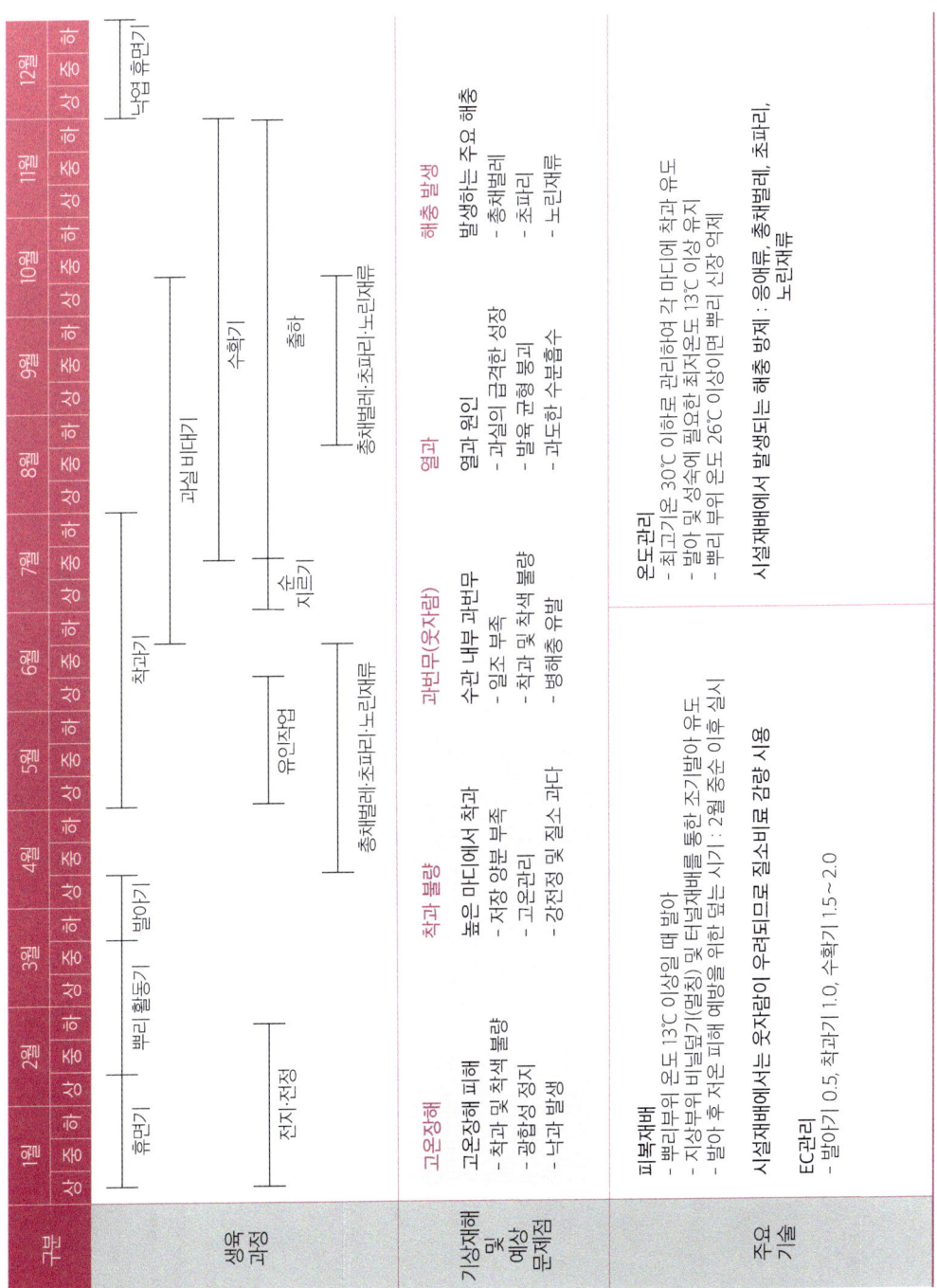

재배적 특성

축명	Ficus carica L.	분류	뽕나무과
시설재배 효과	○ 고품질과 생산 및 수량 증대 ○ 기상재해와 병해충 회피로 안정 생산 ○ 수확기 노동력 분산해 규모 확대가 용이 ○ 다양한 작형 조절해 출하시기 연장이 가능하고 소비 확대		
시설재배 유의점	○ 기술적 조건 - 재배관리가 용이한 재배지 선정 - 발아, 전몰 착과기의 적정한 온도와 습도 관리 - 결과지의 도장(웃자람) 방지 ○ 경영적 조건 - 생산비용 절감과 고품질과 생산 - 생력화, 합리적 노동력 배분과 경영규모 확대		
품질 향상기술	○ 7~8월 성숙기에는 35℃ 이하로 관리해 착색을 좋게 함 ○ 수확시기 비가림을 통한 당도 향상 관리 필요 ○ 수세가 강하거나 야간이 하엽이 황화 낙엽이 됨 ○ 수확은 과일의 온도가 낮은 새벽에 하고 수확 즉시 예냉후 출하 ○ 유통 및 판매에서도 콜드시스템을 이용해야 함		

생리장해 대책 및 해충방제

항목	내용
고온 장해	○ 발아 시 30~35℃ 고온관리로 균일한 발아에 유지 ○ 엽매들림 - 25~30℃의 온도관리로 각 마디에 엽매들림 유도 - 35℃ 이상 지속되면 열매가 달리지 않거나 어린 과일 낙과
열매 달림 불량	○ 엽매들림기 적정온도 25~30℃ 유지 ○ 적정한 비료주기 관리로 건강한 수세 유지
과번무 (웃자람)	○ 적정한 비료주기로 건강한 수세 유지 - 결과지의 줄기 굵기는 15~18mm 유지 - 잎의 길이는 24~26cm 유지 ○ 과번무가 계속될 때 잎의 일부를 제거해 착색유도
열매 터짐 (열과)	○ 미숙과 터짐 - 배수 불량, 유효 토심이 낮고 고목에서 다량 발생하므로 배수구 정비 등 근본적 대책 필요 ○ 수확기에 적정한 습도를 유지하고 급격한 수분변화를 줄임 ○ 물주기는 수확 3~4일 전에 실시하고 수확 전일에는 금함
해충 발생	○ 응애: 잎과 열매를 가해 - 발생 시기: 4~11월(주 발생 시기는 6월) ○ 총채벌레 - 발생 시기: 5~9월(주 발생 시기는 5월 하순, 9월 중순) ○ 방제법 - 시설하우스 내외부 잡초 제거, 발생 시기 친환경 방제

작형별 출하시기

작형	발아기	엽매들림	수확기	출하성기
무가온재배	3월 하순	5월 중순	8월 상순	9월 상순
가온재배	2월 하순	4월 하순	7월 중순	8월 중순

6. 참고자료

Waltyer T, Mass. 1947. The Fig.

Acta Horticulturae. 1998. Ⅰ International Symposium on Fig.

Acta Horticulturae. 2003. Ⅱ International Symposium on Fig.

社團法人 農山漁村文化協會. 1983. 農業技術大系.

イチジクの作業便利帳. 2015. 眞野隆司.

イチジク栽培から加工·賣り方ますで. 1996. 株本暉久.

やさしいイチジクづくり. 1987. 長繩光延.

日本-のイチジクづくり. 1988. 高村登.

金正浩 등. 1975. 果樹園藝總論.

무화과. 2001. 영암군농업기술센터.

시험연구보고서. 2002. 전라남도농업기술원.

시험연구보고서. 2016. 전라남도농업기술원.

무화과 재배

1판 1쇄 인쇄 2025년 04월 05일
1판 1쇄 발행 2025년 04월 10일
저　　자 국립원예특작과학원
발 행 인 이범만
발 행 처 **21세기사** (제406-2004-00015호)
　　　　경기도 파주시 산남로 72-16 (10882)
　　　　Tel. 031-942-7861　　Fax. 031-942-7864
　　　　E-mail : 21cbook@naver.com
　　　　Home-page : www.21cbook.co.kr
　　　　ISBN 979-11-6833-179-2

정가 30,000원

이 책의 일부 혹은 전체 내용을 무단 복사, 복제, 전재하는 것은 저작권법에 저촉됩니다. 저작권법 제136조(권리의침해죄)1항에 따라 침해한 자는 5년 이하의 징역 또는 5천만 원 이하의 벌금에 처하거나 이를 병과(倂科)할 수 있습니다. 파본이나 잘못된 책은 교환해 드립니다.